Le Lean appliqué à la construction

Patrick Dupin

Le Lean appliqué
à la construction

Comment optimiser la gestion de projet
et réduire coûts et délais dans
le bâtiment

Préface de Glenn Ballard

EYROLLES

ÉDITIONS EYROLLES
61, bd Saint-Germain
75240 Paris Cedex 05
www.editions-eyrolles.com

Les photographies sont de l'auteur, sauf :
p. 62, 69 (haut et bas), 70   © Peter Court, Crown House Technology

Schémas et mise en pages : GraphieProd/Jean-Louis Liennard

Remerciements

Merci à Olivier Guillotteaux pour son aide précieuse dans la rédaction du chapitre AMDEC et à Micheline Spigolon pour ses relectures attentionnées.

Table des matières

Préface

Le Lean est une conception de la gestion qui a déjà montré son efficacité par l'accomplissement de résultats économiques, sociaux et environnementaux. Le Lean représente un formidable potentiel pour faire face aux challenges actuels. Ce livre rédigé par Patrick Dupin est un excellent aperçu du Lean. Écrit par un professionnel français de la construction s'étant formé au Lean en Angleterre (et dont j'ai le plaisir de suivre les recherches doctorales), cet ouvrage s'adresse avant tout aux professionnels francophones de la construction qui souhaitent découvrir ou approfondir leur connaissance du Lean appliqué à la construction.

Tout d'abord développé comme nouvelle manière de construire des automobiles plus efficacement, le Lean est conçu comme une philosophie fondamentale de management. Cette conception se dessine à travers la recherche de l'idéal, les principes suivis dans cette quête et les méthodes utilisées dans l'application de ses principes.

L'idéal Lean : fournir aux clients internes et externes exactement ce dont ils ont besoin pour aboutir à leurs fins, sans gaspillage.

Le lecteur trouvera beaucoup de principes et de méthodes dans cet excellent ouvrage de Patrick Dupin, mais je ne résiste pas à l'envie d'en donner deux dès à présent, spécifiques des systèmes de production de projets comme la construction :

- **Principe #1 :** Ne faites pas seulement ce que vos clients vous demandent. Aidez-les d'abord à envisager de possibles solutions alternatives pour accomplir leur dessein et aidez-les à prendre la pleine mesure des conséquences de leurs désirs.

  Implémenter ce principe peut se faire par l'application du *Target Value Design* ou « Conception par Valeur Cible » ; méthode par laquelle les souhaits du client sont (ré)alignés avec ses propres contraintes temporelles, financières et géographiques.

- **Principe #2 :** Permettez aux ressources de passer outre les limites contractuelles et organisationnelles, pour les investir au meilleur endroit possible, tout au long du projet. Dans le cas contraire, l'innovation et l'amélioration sont sacrifiées sur l'autel de l'avarice « Qui paie ? Qui gagne ? ».

  Une des méthodes possibles pour implémenter ce deuxième principe est le partage du risque et des gains. Elle se fonde sur la reconnaissance que, l'union faisant la force, une base contractuelle avec pour principe « un pour tous, tous pour un » permettra beaucoup plus de flexibilité dans la gestion courante du projet, tout en gardant comme seul objectif l'amélioration continue par l'apprentissage commun.

Ce que le lecteur va apprendre de la lecture de cet ouvrage

L'apprentissage perpétuel est au cœur du Lean. Cet ouvrage, précurseur de la littérature Lean Construction en français, condense les notions fondamentales de ce nouveau paradigme et explique comment l'appliquer à vos projets. Ce faisant, il va vous initier à ce voyage sans fin en répondant aux questions fondamentales du Lean construction : « de quoi s'agit-il ? » et « comment y parvenir ? ».

Cet ouvrage reprend des histoires convaincantes, car tirées de faits réels, présentant les succès mais également les erreurs et pièges à éviter. Malgré notre appétit pour les « happy ends », l'apprentissage se fait aussi par les erreurs et je pense même que l'on peut tirer plus d'enseignements de nos erreurs que de nos succès. C'est également le cas quand le résultat est tout à fait différent de celui que l'on attendait, révélateur de l'utilisation de procédés non fiables ou mal conçus pour le résultat souhaité. Dans les deux cas, on peut s'améliorer et apprendre. Il suffit pour cela d'accepter nos « non-succès » comme autant d'opportunités pour aller plus loin en alimentant la roue de l'amélioration continue dans une vraie démarche d'entreprise en quête d'efficacité, de productivité et d'efficience.

Cet ouvrage vous guidera pas à pas dans le processus fondamental et incontournable « d'apprendre en faisant », et fera ainsi économiser temps, énergie, déconvenues et argent à celui ou celle qui décidera de se lancer dans l'aventure Lean et souhaitera l'implémenter et la déployer dans son organisation. Bien entendu, vous devez vous y préparer, mais n'attendez pas d'être certain du succès pour vous lancer. ***Comment avez-vous appris à faire du vélo ?***

Les maîtres d'ouvrages publics et privés, les architectes, les entreprises et tous les autres acteurs de l'industrie de la construction peuvent appliquer le Lean Construction ; aussi bien individuellement que collectivement. Les maîtres d'ouvrages publics, par exemple, sont généralement contraints par les restrictions du cadre légal ; qui limitent *de facto* le champ des possibles en matière de gestion contractuelle et organisationnelle. Cela étant, même dans ce carcan strict, la conception Lean peut tout de même être appliquée et des gains substantiels réalisés dans le cadre d'une gestion des deniers publics optimisée. En plus des méthodes et outils décrits dans cet ouvrage, le lecteur pourra trouver quantité d'informations sur le Lean dans les articles publiés dans le cadre des conférences LIPS (*Lean Construction in Public Sector*).

Le Lean peut être appliqué à toutes tailles d'entreprises, de la plus grande firme internationale à l'artisan autoentrepreneur ; à tous leurs processus (production, devis, facturation, formation, planification…), pour y réduire les gaspillages et donc augmenter leur efficacité. Les méthodologies travaux sur chantier peuvent immédiatement être améliorées, et avec elles la sécurité, la qualité, l'efficacité et l'efficience opérationnelle. L'artisan ayant franchi le pas Lean peut montrer les bénéfices de cette démarche aux autres artisans du projet et, même s'ils ne réussissent pas aussi bien, des gains importants peuvent être trouvés à court et à moyen terme pour chacun. J'ai pu constater pendant mes vingt-cinq années passées à accompagner des entreprises, des maîtres d'ouvrage et beaucoup d'autres parties prenantes de la construction que, finalement, la seule condition réellement nécessaire mais suffisante pour commencer à profiter des nombreux bénéfices et bienfaits du Lean Construction, c'est d'essayer !

Bonne lecture et bon apprentissage !

Daniel Pink, dans son ouvrage *Drive*[1], défend la thèse que l'Humain est fondamentalement motivé par le challenge, l'autonomie et le but en soi. Au-delà des besoins basiques identifiés par Maslow, pour peu que notre environnement y soit propice, nous avons tous le désir d'être défiés, de développer nos capacités, d'être responsables de nous-mêmes et de notre destin ; en somme de ne pas être de simples pions. Nous avons besoin de buts dans nos vies et d'être associés à ce qui a un sens plus large, au-delà de nous-mêmes.

Donc :

✔ Si vous êtes curieux et ouvert à de nouvelles idées, vous trouverez cet ouvrage passionnant et captivant.

✔ Si vous êtes sceptique, vous y trouverez des explications persuasives et des exemples percutants.

✔ Si vous recherchez de nouveaux challenges, vous trouverez une méthodologie pour commencer votre démarche d'amélioration continue.

✔ Si vous cherchez des solutions à vos problèmes, vous les trouverez ici et – bien plus encore – vous trouverez une philosophie de vie.

Glenn B*ALLARD*

---

1. Titre complet original *Drive: The Surprising Truth About What Motivates Us*, Daniel H. Pink, réédition 2011, Riverhead Trade Éd.

Interview exclusive : cinq questions à Glenn BALLARD

Ce qui suit est la transcription en français de l'interview exclusive que Glenn Ballard, inventeur du Last Planner® System, co-fondateur du Lean Construction Institute (LCI), Professeur associé à l'université de Berkeley (Californie, États-Unis) et Consultant international, a bien voulu donner pour Delta Partners le 15 mai 2013 à l'université Trent de Nottingham (Royaume-Uni), où Glenn Ballard est également Professeur invité ; Glenn Ballard est un des plus grands spécialistes mondiaux du Lean Construction.

Patrick DUPIN — *Qu'est-ce que le Lean Construction ?*

Glenn BALLARD — D'après moi, le Lean est une philosophie fondamentale de gestion organisationnelle de projet qui est probablement applicable à tous types d'organisations humaines, chacune recherchant des buts qui leur sont propres et donc le Lean Construction est l'application de cette philosophie à la construction. La difficulté dans le fait de qualifier le Lean Construction de philosophie est de définir ce qu'est une philosophie. Je propose donc de définir le Lean Construction comme l'assemblage subtil d'une « quête » de l'idéal opérationnel, de « principes » appliqués à cette quête et de « méthodes » utilisées pour appliquer ces principes.

Patrick DUPIN — *Quels bénéfices peut-on attendre ?*

Glenn BALLARD — Je crois que c'était Arie de Geus[1] qui disait, il y a des années, que le seul avantage concurrentiel ***durable*** est la capacité à apprendre plus vite que ses concurrents. Et je pense qu'il a toujours raison ! C'est ça en fait, c'est ***fondamental***. On peut extrapoler dans quelles circonstances c'est un avantage ; mais chacun peut s'en rendre compte par lui-même. Si tu apprends plus vite, tu produis moins de gaspillages, car tu produis moins de doublons, moins d'erreurs. Tu te crées tes opportunités pour apprendre, pour innover... Et tu t'amélioreras !

---

1. Professeur associé à la London School of Economics, co-fondateur du « Center for Organizational Learning » au MIT (Boston, Michigan, États-Unis).

Patrick DUPIN — ***Quel est ton meilleur souvenir en tant que consultant Lean ?***

Glenn BALLARD — Il y en a beaucoup, il est donc difficile de choisir. Peut-être celui-ci : mon meilleur, ***meilleur***, client n'était pas dans la construction mais dans le développement de champs de pétrole. Il avait la plus grande joint-venture aux États-Unis, issue de Shell et Exxon, donc de grandes sociétés basées à Bakersfield en Californie, et, au début des années 2000, je les accompagnais dans l'application du Lean Construction à leurs opérations sur chantier ; donc : concevoir les puits, les forer, produire et acheminer le pétrole depuis le chantier dans le pipeline ; et j'avais un client formidable, Dave McKay[2]. La routine que nous avions établie, après une période de préparation initiale, était que je venais sur le chantier une fois par mois, et nous nous accordions alors sur ce qu'ils allaient faire pour avancer. Je revenais un mois plus tard… et ils l'avaient fait. Ils ***l'avaient fait***! Et ils étaient prêts pour l'étape suivante. Et, bien sûr, ça fonctionnait en grande partie sur la compréhension par Dave du Lean, de son implication et de son leadership actif. Il ne restait pas en retrait en disant : « OK, dites-leur quoi faire et ils le feront… », il menait par l'exemple, suivait, posait les bonnes questions et il faisait vivre le Lean à ses équipes, chaque jour (donc il était très impliqué dans la démarche). Ce n'est pas quelque chose que l'on peut déléguer.

Patrick DUPIN — ***Quels sont les facteurs clés de réussite ?***

Glenn BALLARD — Je parlais de Dave McKay et de son leadership. C'est le premier point à garder en tête : tu as besoin d'une direction de projet compétente, impliquée et engagée. Cela étant, la direction de projet ne peut y arriver seule. Et ce, spécialement dans les grandes et complexes organisations, tu dois t'assurer que la chaîne de commandement est fiable. En fait, ce sont avant tout les méthodes de commandement qui doivent évoluer afin de devenir « Lean ». On doit passer de « donneurs d'ordres de base » à enseignant. Et c'est une étape importante à franchir. On est donc vraiment dans un changement d'état d'esprit.

Patrick DUPIN — ***Quel piège le plus commun est à éviter ?***

Glenn BALLARD — Je pense que la raison principale d'échec dans la mise en place d'une démarche Lean est la sous-estimation du ***challenge culturel***. Et c'est vraiment problématique. Il y a une tendance naturelle à se concentrer sur les outils, et c'est « OK ». Les outils et méthodes sont importants, tu en as besoin, mais ce sont les hommes qui doivent être embarqués. Tu auras beau avoir les outils les plus affûtés, si tes gens ne savent pas les utiliser, ou ne ***veulent*** pas les utiliser, ou s'il y a des contradictions entre les politiques ou entre les pratiques habituelles dans l'entreprise, alors les outils ne sont ***pas*** pertinents…

---

2. David McKay, Directeur du « Bakken Project » chez Hess Corporation.

Introduction

Le chantier...

Dans un marché toujours plus concurrentiel, des délais toujours plus courts, un environnement toujours plus dense, avec des acteurs toujours plus nombreux et des outils toujours plus élaborés, la gestion des opérations de construction devient de plus en plus complexe.

Il suffit de reprendre quelques définitions du terme «chantier» contenues dans différents dictionnaires pour constater qu'il est souvent assimilé à un *état de désolation* :

- «Endroit où sont *entassés* (…) des matériaux de construction» (Robert) ;
- «Lieu en *désordre* : Quel chantier !» (Larousse) ;
- «Lieu où règne le *désordre*» (Petit Robert).

Il est donc communément acquis qu'un chantier est un lieu de désordre, de stress et de non-qualité. Nous allons voir au fil de cet ouvrage que ce paradigme peut être challengé, changé même et que, sur le modèle d'une unité de production manufacturière (automobile par exemple, chez Toyota en particulier), un chantier peut être tout le contraire.

... Un prototype? Oui, mais pas uniquement!

Chaque bâtiment est un prototype. Voilà une autre croyance très largement répandue et solidement ancrée dans le monde de la construction. Deux bâtiments exactement identiques dans leur conception, dans leurs matériaux et matériels utilisés, construits en même temps à quelques mètres l'un de l'autre, ne connaîtront pas la même vie de chantier, rencontreront des difficultés différentes, seront érigés à des rythmes différents et seront donc livrés avec des jours, voire avec des mois d'écart. Si la plupart des acteurs de la construction attribuent cette différence aux quelques distorsions nominales pouvant exister entre deux bâtiments similaires, c'est pour mieux éluder le manque de fiabilité de leur gestion opérationnelle, d'un projet à l'autre.

S'il est vrai que chaque bâtiment est unique en soi, par la singularité intrinsèque de chaque matériau utilisé, et que, de la même manière, chaque automobile est unique en soi, force est de constater que l'industrie automobile a su définir des séries d'actions, des outils de production et des systèmes d'organisation qui mettent en évidence les redondances dans la fabrication du produit fini, développant ainsi la possibilité de Qualité et l'amélioration continue.

Dans une usine manufacturière, l'outil de production est statique et la production dynamique ; sur un chantier, l'outil de production est dynamique et la production statique. Un chantier et une usine manufacturière connaissent donc les mêmes problématiques de flux entrants, sortants et logistiques.

Ainsi, si la construction BTP pouvait s'inspirer des usines manufacturières en général et de Toyota en particulier, les systèmes de gestion de projet seraient fiabilisés et les chantiers livrés comme prévu, au plus tard.

Pour réussir ce changement de paradigme, les parties prenantes du secteur de la construction doivent accepter de sortir de leur zone de « confort ». Il est bien connu que les habitudes, les collègues de vingt ans, la routine opérationnelle et humaine, les procédures…, en d'autres termes tout ce qui fait l'environnement connu, rassure dans l'exécution des projets confiés.

Sortir du cadre…

Il est parfois nécessaire de repousser les limites que l'on s'impose à soi-même, autant de freins à la créativité et à la recherche de solutions innovantes.

Une illustration consiste à résoudre cette énigme : «Comment relier ces neuf points en dessinant quatre segments de droites (traits) continus ? (donc sans lever le stylo)»

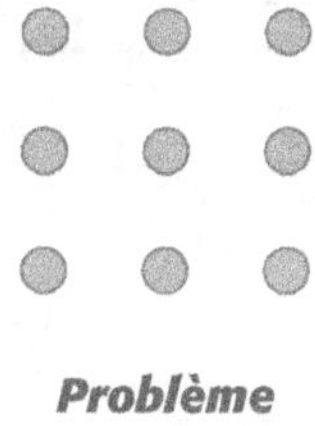

Problème

D'après Patrick Dupin, Delta Partners.

(Solution en page suivante…)

La solution ne peut être trouvée qu'en acceptant de repousser les limites du cadre que nous nous fixons nous-mêmes. Il n'est nullement stipulé dans l'énoncé que les segments de droites doivent tous partir d'un point et terminer à un autre. C'est pourtant la tendance naturelle qui est observée dans les premiers essais ; mais qui est vouée à l'échec.

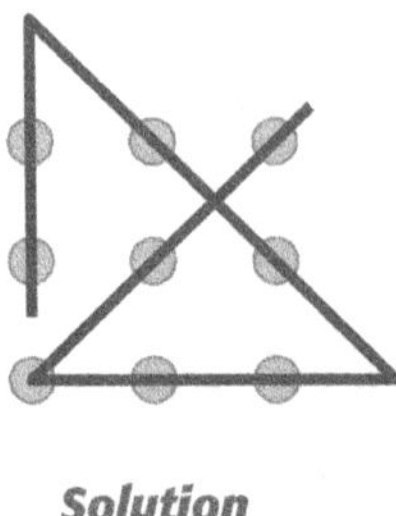

Solution

D'après Patrick Dupin, Delta Partners.

Sortir du cadre, c'est innover et trouver des solutions que «les autres» n'ont pas (encore) et donc se constituer un avantage concurrentiel certain.

La routine bienveillante et rassurante ne stimule pas le questionnement, étape préliminaire et primordiale à toute amorce de changement. L'inconfort de la zone de «confort» est bien souvent masqué par la sécurité routinière qu'elle offre. Qui ne s'est jamais vu répondre, à une proposition de changement d'un mode opératoire, une réponse telle que « *Ça fait 25 ans qu'on fait comme ça, c'est dur mais ça fonctionne !* » ?

Envisager des solutions alternatives, c'est aussi prendre le temps de considérer qu'elles existent !

Comment appliquer les meilleures pratiques industrielles à vos chantiers pour qu'un aléa soit vraiment un aléa et non la conséquence d'une non-action ou la résultante d'un manque d'anticipation ? L'application des méthodes industrielles aux chantiers est justement l'objet de cet ouvrage, alors bonne lecture et bonne route…

« Le Lean est un voyage, pas une destination. »

Alors… bon voyage.

CHAPITRE 1

Le secteur de la construction

1.1   Performances d'antan

Empire State Building

Les travaux d'excavation débutèrent en janvier 1930 et permirent le début effectif de la construction le 17 mars 1930. Les premiers travaux de maçonnerie débutèrent en juin 1930 et s'achevèrent le 13 novembre de la même année. La construction évolua au rythme de quatre étages et demi par semaine.

Comment une telle prouesse a-t-elle été rendue possible ? Le constructeur, Starrett Brothers and Eken, avait conçu la construction de l'Empire State Building comme celle des galères vénitiennes (flux ininterrompu de matériaux et de matériels sur le chantier rendu possible par une logistique sans faille, aussi bien interne qu'externe au lieu de production). Chaque étape de la construction était pensée en flux de production, permettant des livraisons juste-à-temps, des assemblages synchronisés et une production continue. De nombreuses poutrelles métalliques arrivaient encore tellement chaudes directement des laminoirs qu'elles devaient être refroidies sur le chantier pour pouvoir être assemblées.

La construction dura un an et quarante-cinq jours, soit un total de 410 jours (dimanches et vacances compris), ce qui permit au gratte-ciel d'être achevé avant la date prévue, et à un coût significativement inférieur au budget. Aucun des *« sky boys »*, ces ouvriers assemblant la charpente métallique, n'a perdu la vie, malgré des conditions de sécurité « sommaires » à plus de cent mètres de haut.

L'Empire State Building est un des premiers bâtiments dont la construction a été pensée en flux continu. Comme nous allons le voir dans cet ouvrage, la continuité du flux est fondamentale dans l'approche Lean Construction, et de cette recherche découlent tous les outils et méthodes favorisant la création de valeur et la réduction des délais de construction.

1.2 Raisons de la faible productivité

Il n'est point besoin de démontrer ici la relation entre un haut niveau de formation/ recherche & développement et un haut niveau de productivité. Hors, seule une infime partie des entreprises de construction (généralement des grandes PME ou des groupes nationaux) sont dotées de véritables plans de R&D et/ou de formation. Bien qu'elles représentent la majorité du chiffre d'affaires et des emplois en France, les entreprises de moins de 250 salariés utilisent encore très peu leur budget formation malgré les efforts des OPCA et des fédérations et syndicats professionnels. Les évolutions (voire révolutions) des normes et les règlements constructifs toujours plus nombreux et de plus en plus complexes affectent directement et indirectement la performance des entreprises de construction qui ne s'y sont pas formées. L'amélioration de la performance n'a jamais été la préoccupation du secteur de la construction, probablement parce qu'il n'existait, encore récemment, aucun modèle (philosophie, méthode, outils) permettant de prendre en compte toutes les composantes de l'acte de bâtir, en tant que processus complexe, étendu autant spatialement que temporellement.

Aux États-Unis, où des études précises ont été menées par le CII (Construction Industry Institute)[1] :

1. 10 % du coût global d'un projet sont dépensés pour refaire ce qui a déjà été fait (autant en phase de conception que d'exécution).

2. Entre 25 et 50 % des coûts de construction correspondent à du gaspillage et à de l'inefficacité dans l'emploi des ressources humaines et matérielles.

3. Des pertes colossales sont engendrées par une communication inefficace au moment du passage entre la phase de conception et la phase d'exécution. Ces erreurs, manquements et oublis représentent une perte de productivité entre 17 et 36 milliards de dollars chaque année. Ce problème est dû aux difficultés de communication entre les parties prenantes (silos) et de compatibilité entre les programmes informatiques utilisés par chacune d'entre elles.

Toujours aux États-Unis, les observations du CICE (Construction Industry Cost Effectiveness), un observatoire de l'efficacité opérationnelle, ont conclu que plus de la moitié du temps gaspillé sur chantier était attribuable à une mauvaise gestion par l'encadrement. De plus, les interactions délicates entre lots et les intérêts personnels des parties augmentent encore le niveau des gaspillages directs et indirects et baissent *de facto*, significativement, le niveau de la performance individuelle et globale.

Il n'existe pas de consensus dans la définition de la productivité dans le secteur de la construction. Bien des entreprises définissent la productivité d'un projet en fonction de :

a) coûts : tenue du budget initial ;

b) planning : tenue du délai initial ;

c) sécurité : peu ou pas d'accidents ;

d) qualité : peu ou pas de non-conformité.

---

1. Construction Industry Institute, rapport RS191-1 *Lean Principles in Construction.*

Pour beaucoup d'entreprises, l'amélioration d'une de ces quatre composantes se fait au détriment des autres ; en d'autres termes, réduire les délais passera forcément par une augmentation des coûts et un abaissement du niveau de sécurité et de qualité. Les chapitres suivants démontreront que ce n'est pas (forcément) le cas.

Peu d'attention est portée au niveau de satisfaction client dans la mesure de la performance, malgré l'existence de nombreux modèles de questionnaires applicables directement à la construction. Il y a en effet souvent de nombreuses et larges différences entre les attentes du maître d'ouvrage et le résultat perçu.

Conceptuellement, la Valeur (V) = le Résultat (R) – les Attentes (A).

Par conséquent, puisque les attentes (A) dépassent souvent le résultat (R), la valeur (V) perçue par les maîtres d'ouvrage est généralement inférieure à celle attendue.

Lincoln H. Forbes (1999)[2] a quantifié cette différence (ou distorsion) entre les conceptions de valeur des trois parties prenantes principales de l'acte de construire : maître d'ouvrage, architecte et entreprise(s). Dans le secteur public, sept attendus client (maître d'ouvrage) sur neuf ne se retrouvent pas dans la conception initiale de l'architecte malgré les programmes détaillés. Seuls cinq critères de satisfaction client sur neuf sont pris en compte par l'entreprise. L'architecte et l'entreprise sont en désaccord avec l'importance de trois critères de satisfaction client sur sept.

Bien que la difficulté (nécessité) d'adopter une communication efficace et adaptée tout au long du processus de bâtir fasse consensus, encore peu d'attention est portée à l'efficacité de la communication comme vecteur de performance opérationnelle. L'essentiel de la communication tend à se faire en relation contractuelle : l'architecte est appointé pour réaliser une conception s'exprimant par des plans et des spécifications techniques, que l'entreprise doit utiliser pour réaliser ses ouvrages.

Ce schéma de communication en silos vient amplifier les facteurs d'inefficacité décrits plus hauts, et favorise le refuge dans les textes et relations contractuels.

L'innovation est encore peu promue dans le secteur de la construction. La plupart des petites entreprises (< 50 salariés) n'ont pas l'expertise ni la surface financière suffisante pour mener de véritables stratégies d'innovation et s'adapter aux avancées réglementaires, normatives et technologiques. Cette frilosité est entretenue par la peur de quitter la zone de « confort » du connu vers l'inconnu. Les OPCA (Organisme Paritaire Collecteur Agréé), les CCI (Chambre de Commerce et d'Industrie), les fédérations et syndicats professionnels mènent des actions visant à promouvoir et accompagner les entreprises vers la performance par des formations adaptées, mais ces programmes de formation restent le plus souvent sur le bureau, lettre morte au profit de programmes plus techniques, généralement imposés.

Les maîtres d'ouvrage trouvent aussi leur part de responsabilité dans la faible productivité du secteur du bâtiment. Il est en effet communément acquis que « productivité » et « construction » ou « chantier » ne peuvent être réunis, le maître d'ouvrage acceptant les prix comme tels, laissant le « marché » les dicter, sans mettre en place de système tirant la productivité vers le haut et donc les prix vers le bas.

---

2. *An Engineering Management-based Investigation of Owner Satisfaction, Quality and Performance Variables in Health Care Facilities Construction*, éditions Université de Miami, Floride, États-Unis.

Les architectes (et BET) sont aussi en partie responsables de la faible productivité, par un manque de clarté et de définition dans les spécifications architecturales et techniques. Les adaptations fréquentes en cours de chantier, qu'elles soient dictées par des changements de souhaits client ou par des définitions tardives de la maîtrise d'œuvre, auraient toutes pu (dû) être verrouillées en phase de conception. « Plus tôt un problème est détecté, moins il coûte cher à corriger », tel est le moteur de l'amélioration continue pour Toyota.

Seules peu de grandes entreprises, et virtuellement aucune petite, ne se sont dotées d'un responsable de l'amélioration continue ; que ce soit par le biais d'une mission dédiée à un poste spécifique ou par intégration à une autre fonction complémentaire. Elles préfèrent en grande majorité orienter leurs efforts sur la réduction des coûts et l'application à la lettre des normes Qualité ISO demandées par les maîtres d'ouvrage du secteur public, sans grand effet sur la productivité de l'entreprise.

Les erreurs, les non-conformités, la médiocre communication et la maîtrise insuffisante des outils de productivité font partie intégrante de la litanie actuelle qui semble communément et naturellement acceptée comme constante intrinsèque, paradigme historique du secteur de la construction.

1.3   Besoin de nouvelles approches

Depuis la crise majeure de 2008, les conditions de marché se tendent de plus en plus, chaque acteur de la construction a pu s'en rendre compte. L'arrivée de « nouveaux entrants » sur la scène économique du secteur du bâtiment ajoute également à la pression sur les entreprises nationales. Ainsi, en 2007, le nombre de contrats de construction passés à des entreprises chinoises a augmenté de 160 % par rapport à 2006 et ce rythme n'a pas baissé depuis.

Dans son rapport « *La construction : des disparités géographiques, une conjoncture délicate, un risque de crédit persistant* », la COFACE (2012) rappelle que les travaux publics sont les plus résistants à la conjoncture, et ce malgré la rigueur budgétaire qui se répand dans les pays avancés ; et que l'activité est particulièrement vive dans les zones émergentes, là où il faut combler un retard d'équipements ou faciliter l'exploitation des matières premières. En revanche, poursuit le rapport, la construction non résidentielle privée (bureaux, usines, surfaces commerciales, hôtels ou encore complexes de loisirs) est très sensible à la conjoncture économique alors que la construction institutionnelle (écoles, hôpitaux, prisons, etc.) est, elle, largement dépendante de la politique budgétaire. L'activité semble donc mieux orientée dans les zones émergentes, du fait du retard de développement à combler, autant d'opportunités géographiquement éloignées de nos entreprises.

En Arabie Saoudite, 70 % des logements construits ne sont financièrement accessibles qu'à 10 % des ménages ; les autorités ont donc lancé, comme en Chine, un programme de construction de 500 000 logements sociaux ; et, en Algérie, un programme de plus de deux millions de logements sociaux ou aidés est projeté d'ici à 2014.

Au Brésil, le programme « Minha casa, Minha vida », lancé en mars 2009 dans le cadre du Programa de Aceleração do Crescimento (PAC), prévoit le subventionnement par l'État d'un million de logements destinés aux classes moyennes et pauvres d'ici fin 2013 et de deux millions supplémentaires d'ici fin 2014. En Afrique du Sud, la construction de logements, dont le «boom» post-apartheid a pris fin avec la crise financière, a brièvement accéléré en 2010 dans la perspective de la Coupe du Monde avant de fléchir à nouveau en 2011.

Essor de la construction non résidentielle

La construction non résidentielle privée (bureaux, surfaces commerciales, usines, entrepôts, hôtels, équipements de loisirs, etc.) est également bien orientée. L'urbanisation et l'enrichissement, avec comme corollaire le développement de la grande distribution et des centres commerciaux, tout comme l'essor du secteur industriel, financier et touristique, encouragent l'investissement. L'exploitation de gisements de matières premières et leur transformation nécessitent la construction de nouvelles installations. (Source : COFACE.)

Il apparaît clairement que les grands projets de construction de logements et d'infrastructures se sont éloignés d'Europe, les initiatives gouvernementales tardant à se concrétiser en France ; le marché de la construction est donc de plus en plus concurrentiel, et les entreprises doivent trouver de nouvelles approches pour préserver leurs marges opérationnelles qui n'ont, au mieux, jamais été aussi minces, voire nulles ou même négatives. Le calcul, l'amélioration et l'innovation de la productivité dans la construction sont largement ignorés au regard d'autres secteurs (l'automobile, mais aussi plus récemment les services, l'hospitalier, les tribunaux, les préfectures…). En restant sur ses acquis et habitudes, le secteur de la construction continue d'évoluer dans un environnement où le gaspillage est la norme ; une nouvelle approche est donc nécessaire.

Dans une étude datant de 1998, *Rethinking Construction*[3], Sir John Egans (président de plusieurs grandes entreprises industrielles) a identifié de nombreuses lacunes dans le secteur de la construction par rapport aux autres industries (au Royaume-Uni). Ce rapport a servi de base à MM. Proverbs, Holt et Cheok qui ont analysé 100 entreprises de construction en Angleterre et ont formulé 15 recommandations pour un système productif, décrites en 2002 dans *The Egan Report: an agenda for change? The views of UK Construction Director*[4] :

1. Engager les directions de chaque partie prenante dans la recherche de productivité.
2. Placer le client au centre des préoccupations.
3. S'inspirer des autres secteurs (produits et services).
4. Promouvoir la sécurité.
5. Créer des conditions de travail idoines et promouvoir l'humain comme capital le plus important du secteur.
6. Mesurer sa propre performance, définir des objectifs et partager l'information en interne autant qu'en externe.
7. Développer un processus de performance intégré plutôt que de se fier à des conventions et des contrats.

---

3. Éditions Université de Strathclyde, "Department of Architecture and Building Science", Glasgow, Royaume-Uni.
4. Publié et présenté en 2002 lors de la "1st International Conference on Construction in the 21st century" à Miami aux États-Unis.

8. Améliorer la qualité pour réduire les non-qualités.

9. Faire la promotion de projets pilotes pour développer et illustrer l'innovation.

10. Repenser (reconcevoir) les processus de production dans la construction.

11. Adopter le Lean comme méthode pour fiabiliser l'amélioration de la performance.

12. Former plus et mieux.

13. Adapter les techniques et technologies industrielles à la construction (préfabrication, standardisation…).

14. Développer des relations au long terme.

15. Utiliser plus les outils et techniques d'amélioration de la performance (management par la valeur, études comparatives, roue de Deming…).

En France, tout comme en Europe et aux États-Unis, la nécessité de nouvelles méthodes de gestion de projets pour augmenter la performance du secteur de la construction est éludée par la pénurie actuelle (anticipée) de main-d'œuvre qualifiée dans un secteur qui en est très gourmand. De récentes études montrent que les canaux traditionnels fournissant cette main-d'œuvre qualifiée (CAP, BEP, Bac pro) peinent à attirer les vocations et donc à alimenter la demande des entreprises. Cette pénurie vient alimenter la problématique de recherche de productivité des entreprises de construction.

L'application du Lean Construction, ainsi que son enseignement aux différents niveaux de formation initiale et continue, apportent une réponse concrète et rapide aux enjeux fondamentaux auxquels toutes les parties prenantes de l'acte de construire doivent et devront continuer à répondre.

Le Lean Construction sera bientôt largement porté et promu par les maîtres d'ouvrage, qui y verront également un système permettant de sécuriser des coûts de construction bas, les budgets ne cessant de fondre. C'est donc bien une industrie, dans son ensemble, qui doit revoir son modèle pour pérenniser ses acteurs économiques.

1.4   Valeur Ajoutée et Non-Valeur Ajoutée

Les notions même de valeur ajoutée et de tâches créatrices de valeur ajoutée sont peu connues, sous-estimées et très peu utilisées dans la construction. Il n'est point question ici de solde financier en vue de calculer une taxe (TVA, Taxe sur la Valeur Ajoutée), mais bien de rester dans l'opérationnel et la recherche de performance et de productivité.

Une définition, communément acceptée, d'une activité générant de la valeur ajoutée est de produire un retour sur investissement positif et de ne pouvoir être éliminée sans mettre en péril le processus dans lequel elle se trouve. À l'inverse, une activité à non-valeur ajoutée produit un retour sur investissement négatif et elle peut être éliminée sans que son absence ne pollue le processus dans lequel elle se trouve.

La recherche, l'identification et l'élimination des activités à non-valeur ajoutée sont primordiales dans l'approche Lean. La conception Lean, depuis ses débuts chez Toyota, a toujours cherché la performance, notamment par l'élimination des gaspillages, afin de réduire les coûts, plutôt que par des réductions d'effectifs ou la mise en place d'objectifs irréalistes pour presser les hommes et les machines.

« Si une activité n'apporte aucune valeur ni à mon client, ni à mon entreprise, ni à moi-même, alors pourquoi la ferais-je ? »

En d'autres termes, si une activité ne crée aucune valeur, éliminez-la.

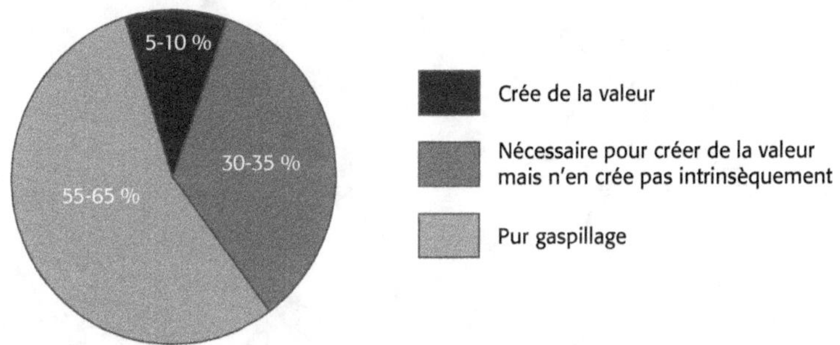

D'après Patrick Dupin, Delta Partners ; adapté de Alan Mossman, The Change Ltd.

Figure 1.1 Proportions des activités en relation avec la création de valeur.

La frontière entre activité créatrice de valeur ajoutée et activité non créatrice de valeur ajoutée peut être très mince, voire impossible à définir avec précision. Entre ces deux états bien distincts de création ou non-création de valeur ajoutée, se trouve une catégorie d'activités dont la présence dans le processus est rendue nécessaire par le processus lui-même ; ou, en d'autres termes, dont l'élimination mettrait en péril le processus de création de valeur bien qu'elles n'en créent pas intrinsèquement.

Il existe donc bien dans chaque processus des tâches à valeur ajoutée (VA), des tâches à non-valeur ajoutée (NVA) et des tâches nécessaires au processus (TNP). Gagner en performance, c'est travailler à sécuriser et augmenter la part des premières, en éliminant les deuxièmes, et repenser l'ensemble du processus, pour transformer les troisièmes en premières.

CHAPITRE 2

Autodiagnostic potentiel de progression (gratuit)

Réalisez le diagnostic de performance de votre organisation.

Développé par Patrick Dupin et largement utilisé auprès des clients de Delta Partners, le PDPP (Pré-Diagnostic Potentiel de Progression) est un outil simple et rapide pour estimer le potentiel latent dans votre entreprise, sur la base de questions générales et plus ciblées.

À mesure que vous répondez aux questions, l'outil attribue des scores à chacune de vos réponses. Un poids (coefficient multiplicateur) est attribué à chacune d'entre elles pour le calcul du score final. Le score final correspond à la performance non encore exploitée dans votre entreprise, qui, multipliée par votre chiffre d'affaires, donne une estimation objective des sommes perdues chaque année dans les gaspillages au sein de votre entreprise.

Ce test est gratuit, toutes les informations pour le réaliser à distance sur :
www.delta-partners.fr/PDPP

P.D.P.P.

Date 03 novembre 2013

(Pré- Diagnostic Potentiel de Progression)

Ce document à usage interne est un pré-diagnostique servant à déterminer le potentiel de progression, un score sur 100. Certaines réponses peuvent rester confidentielles, dans ce cas le coeficant fera à 0 et n'impactera pas le score final. Le Résultat ainsi que les données communiquées resteront uniquement confidentiels

ENTREPRISE: Construction SA
CONTACT: André Dupont
Adresse: ZAC des récollets 06700 Saint Laurent du Var
Tel: 04.93.01.02.03

			Score brut 1-10	Coef	Score pondéré	Max	Commentaires
VOUS	Fonction	Président	10	2	20	20	
	Nbre Année Entreprise	25	25	0,5	12,5	20	Entreprise reprise
	n+1	0					
	n-1	DAF					
VOTRE ENTREPRISE (chiffres annuels)	CA	18 000 000,00 €					
	Structure	Construction SA (+3 Construction SARL) // BET/ TVX + Support (Logistique, RH, Finance)					
	Type de Clients	marché privé et marché public (ST rang 2)					
	Nbre de Clients	15					
	Nbre Chantiers	25					
	CA Chantier	720 000 €					
	Satisfaction EBE actuel (1-10)	3	3	5	35	50	
VA/ NVA (actuellement)	Valeur Client?	80% Prix 20% projet Clé en main (technicité, savoir faire, mieux disant)	2	3	24	30	
	Création de Valeur?	Reflexion technique (mode opératoire), compréhension contraintes des S/T. respect des délais	7	3	9	30	
	Types gaspillages?	Préparation chantier trop longue, approvisionnement improvisé. Peu de reflexion opérationnelle: temps attentes longs. Défaut organisation de stockages.	4	5	30	50	
	Niveau des Gaspillages						
	1. Surproduction	préfabrication sans validation en atelier, mise en œuvre de surépaisseurs. Génération de déchets importants	5	2	10	20	bonne communication et expression des équipes / fiches disfonctionnement
	2. Attentes	plans, encombrement pièces, pas outils idoines	3	2	6	20	
	3. Transports	Présence d'un Responsable Logistique	1	2	2,6	20	
	4. Sur-Qualité	Autocontrole inefficace. Problématique réglementaire sur "ce qui ne se voit pas"	5	2	15	20	
	5. Stockages	Zones de stockages non-définies, approvisionnement mode push. Stockage de mauvaises pièces, mauvaise gestion du stock sur chantier.	3	2	10,8	20	5S et préparation J-1
	6. Déplacements	Nombreux déplacements pour petit matériel et électricité / eau -> recherche des "sources".	6	2	14,4	20	
	7. Défectueux / Non Qualités	Non calfeutrement (nécessité de revenir), oubli des talonnettes de conduits CF, mauvaises implantations bâtis supports	5	2	12	20	
	8. Potentiel humain non utilisé	Manque responsabilisation des ouvriers (manque la méthode). Chaque CT gère "ses" équipes, peur de la transversalité. Les Hommes sont vus en termes de Quantité et non équation de compétences/ besoins.	7	2	14	20	Constructys
	9. Débrouille	Matériel spécifique passe d'équipe en équipe sans coordination globale. Improvisation de postes de travail et mise en place de solutions "chantier". Source importante de non qualités.	3	2	6	20	
LES MESURES	Mesure satisfaction Client	Fiche satifaction Client (outil Qualibat).	9	3	3	30	
	Mesure Performance	Qualité/ Technqiue / Délais: Décallage entre la théorie suivie et les résultats constatés.	5	3	15	30	
Raisons d'un accompagnement	Recentrage sur activité cœur par focus sur la création de valeur et élimination des gaspillages pour augmenter les marges opérationnelles NETTE (vs brutes immédiates).						

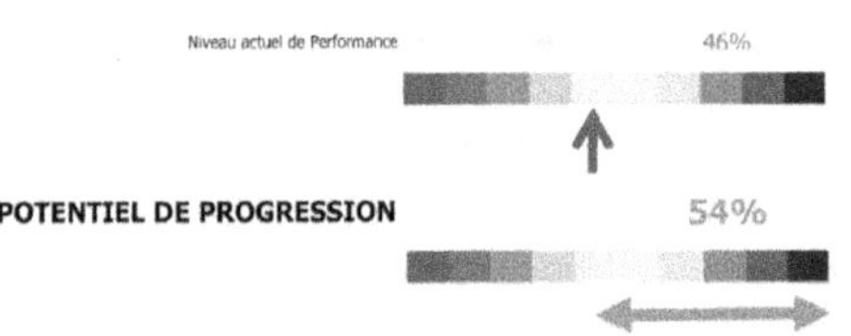

Niveau actuel de Performance   46%

POTENTIEL DE PROGRESSION   54%

Recommandation Delta Partners:

Diagnostique en pré-immertion (4 jours sur site)

1) Validation des présents éléments

2) Identification et mesure des gaspillages les plus importants (loi de Pareto)

3) Proposition des axes principaux d'amélioration / de progression

4) Etablissement de la feuille de route en vue de la formation et de l'accompagnement opérationnel

CHAPITRE 3

Fondamentaux Lean Construction

3.1 Définition du Lean Construction

Le Lean Construction est avant tout un concept, certainement pas réduit à un ensemble d'outils, comme certains en font trop rapidement le raccourci, en ajoutant simplement la sémantique de la construction au terme Lean, qu'ils connaissent de l'industrie. La définition du Lean continue d'évoluer à mesure que les recherches, notamment doctorales, alimentent ce concept. Greg Howell et Glenn Ballard (les cofondateurs du Lean Construction Institute, LCI) voient le Lean Construction comme une nouvelle manière d'organiser la gestion des projets de construction. Les objectifs, principes et techniques du Lean Construction, pris ensemble, forment la base d'un nouveau système. Au contraire des systèmes tels que « conception réalisation » et « programmation architecturale », le Lean Construction jette les fondements d'un système terre à terre, basé sur les opérations chantier, pour une nouvelle appréhension de la gestion du projet. Le Lean Construction tire ses racines du Toyota Production System (TPS) et permet des améliorations significatives dans le résultat de chaque projet, des plus simples aux plus complexes, incertaines et rapides.

Le Construction Industry Institute (CII) a défini le Lean Construction comme « *un processus continu d'élimination des gaspillages, atteignant ou dépassant tous les besoins du client, se focalisant sur l'ensemble de la chaîne de création de valeur et cherchant la perfection dans l'exécution d'un projet de construction* ».

Lauri Koskela (2002)[1] décrit le Lean Construction comme une façon de concevoir le système de production pour minimiser les gaspillages de matériel, de temps et d'efforts, afin de générer le maximum de valeur possible.

---

1. *Foundations of Lean Construction*, Elsevier Éd.

La définition la plus récente et actuelle du Lean Construction, développée sur celles décrites plus haut et venant les compléter, est celle-ci :

« Philosophie visant à la création de valeur pour le client par l'élimination des gaspillages, soutenue par des outils collaboratifs de gestion de projet, s'inscrivant dans le cadre d'une démarche systématique et rigoureuse d'amélioration continue »

« Philosophie »

Plus qu'un ensemble d'outils, le Lean Construction est avant tout une démarche intellectuelle, portée au niveau universitaire par l'université de Berkeley en Californie (Laboratoire PS2L), et par des entreprises comme DPR, Turner, Veidekke, qui l'appliquent à l'ensemble de leurs opérations.

« Création de valeur »

Des recherches récentes de Glenn Ballard (2008)[2] ont montré que seulement 15 % à 20 % des opérations sur chantier créent de la valeur pour le client (ce pour quoi il paie).

« Élimination des gaspillages »

Le corollaire de la création de valeur est l'élimination des gaspillages. Ainsi, l'attente du séchage du béton d'une dalle (plancher) coulée en place est un exemple typique de gaspillage, donc de non-création de valeur pour le client. Le client paie pour l'utilisation d'une surface en béton et non pour un temps de séchage pendant lequel tout travail sera rendu impossible à cause des forêts d'étais.

« Soutenue par des outils collaboratifs de gestion de projet »

Le Last Planner® System, outil phare de la démarche Lean Construction, force la collaboration entre les différents acteurs et parties prenantes du projet.

« Démarche systématique et rigoureuse »

Les résultats proviennent de l'implication dans la récurrence et de la rigueur de la démarche.

« Amélioration continue »

« Lean is a journey, not a destination », ou en français « Le Lean est un voyage, pas une destination » : phrase emblématique de la conception Lean, illustrant le caractère infini de la démarche. On peut tendre à la perfection, mais ne jamais l'atteindre.

3.2   De Ford au Lean en passant par Toyota

Afin de comprendre comment les techniques Lean Construction fonctionnent dans le secteur de la construction, il faut d'abord comprendre comment elles fonctionnent dans le secteur manufacturier, d'où elles sont originaires. *Lean* en anglais signifie « sans gras ». C'est cette

---

2. *The Lean Project Delivery System: An Update*, éditions Lean Construction Journal.

notion de suppression du superflu (qui affaiblit les performances) qui en est à l'origine. Le *Lean Manufacturing* utilise moins de tout en comparaison à la production de masse. Womack *et al.* (1990), dans leur ouvrage *Le système qui va changer le monde*[3], ont décrit la genèse du Lean dans le secteur manufacturier. Ils expliquent comment une production Lean utilise la moitié des ressources qui sont généralement consommées: la main-d'œuvre dans l'usine, l'espace dans l'usine pour réaliser l'activité, les investissements dans les machines, les matériaux… Pour faire court, on pourrait dire qu'un système Lean produit ce qui est demandé, à la quantité demandée et à la date demandée.

3.2.1 Henry Ford

Henry Ford a été le premier grand industriel à s'essayer à la mise en place d'un flux continu dans ses usines de production, mais a mis l'accent sur la production de masse pour alimenter la très forte demande d'après la seconde guerre mondiale.

En son temps, Henry Ford avait établi plusieurs pratiques que l'on retrouve aujourd'hui dans la conception Lean. Les normes de Ford dans la première moitié du xxe siècle présentaient, parmi d'autres, les points suivants, toujours d'actualité:

- Les environnements de travail doivent être (et être maintenus) propres.
- Les capitaines d'industrie doivent tendre à servir leurs communautés et sociétés au sens large.
- Les techniques de production ne doivent pas être prises pour acquises, mais rentrer dans un schéma d'amélioration continue.
- Les industriels doivent assister leurs fournisseurs pour produire mieux et plus vite.
- Les managers ne doivent pas rester dans leur bureau mais doivent aller dans l'usine et être capables de faire le travail eux-mêmes.
- Les ouvriers doivent être formés et avoir l'opportunité de s'améliorer et d'améliorer les produits.

3.2.2 Toyoda, Shingo, Ohno et les gaspillages chez Toyota

Au sortir de la seconde guerre mondiale, la situation du Japon était très tendue tant du point de vue économique qu'industriel, surtout au regard de celle des États-Unis. L'empereur du Japon décida donc que l'amélioration de la productivité devait être considérée comme cause nationale. Un jeune ingénieur du nom de Taichii Ohno fut missionné pour se former dans les usines manufacturières automobiles Ford et General Motors (GM), considérées en ce temps comme à la pointe de l'efficacité. Taichii Ohno revint effectivement formé, ayant appris ce qu'il ne fallait pas faire! Il fut décontenancé par les nombreuses sources de gaspillages qu'il avait pu déceler dans les usines américaines sans que cela ne paraisse un problème. Quelques années auparavant, William E. Deming – à l'époque statisticien mais considéré aujourd'hui comme le père de la Qualité – avait travaillé à l'élaboration d'un nouveau système de management basé sur l'élimination des gaspillages par la collaboration, la participation et la respon-

---

3. *Le système qui va changer le monde*, James P. Womack, Daniel T. Jones et Daniel Roos, Rawson Associates, 1990 et Dunod Éd., 1994.

sabilisation des employés. Les dirigeants des grandes entreprises américaines n'ont pas suivi cette proposition, gardant leur modèle basé sur le commandement et le contrôle des employés. Sous l'impulsion de Taichii Ohno, William E. Deming est invité à enseigner et appliquer sa nouvelle méthode aux entreprises japonaises et notamment chez Toyota. Quinze ans plus tard, soit au milieu des années 1960, l'outil industriel japonais est repensé en profondeur et celui des États-Unis peine à évoluer. Il ne faut pas plus de 15 années supplémentaires pour que la supériorité du système industriel japonais surpasse et surclasse le système américain. La paternité du terme « *Lean* » est attribué au MIT (Boston, Michigan, USA) qui, au début années 1980, après avoir analysé les méthodes de production de Toyota, traduit le Toyota Production System (TPS) en « *Lean* », terme anglais signifiant « dégraissé » (débarrassé de tout le superflu).

Dix ans plus tard, en 1991, Glenn Ballard de l'université de Stanford (États-Unis) a mené une étude visant à mesurer la fiabilité des prévisions sur chantier[4]. Le principe était simple et portait sur les 5 chantiers les plus performants des 5 entreprises considérées comme les meilleures aux États-Unis : demander au chef de chantier ce qu'il comptait réaliser dans les cinq prochains jours et confronter ces annonces avec la réalité constatée la semaine suivante. Glenn Ballard a donc pu observer les 25 meilleurs chantiers pendant 6 mois, et en déduire la statistique suivante : 54 % des travaux prévus à une semaine ne sont pas tenus. Le secteur de la construction était encore largement dans un schéma de commande et de contrôle des salariés, à l'identique des usines d'après-guerre, modèle non pertinent par rapport au Lean comme l'Histoire a pu le montrer. Aidé en cela par Lauri Koskela et Greg Howell, également de Stanford, Glenn Ballard a entrepris de transcrire les principes du TPS, donc du Lean, à la construction. L'embryon Lean Construction était créé. C'est de la collaboration entre ces trois chercheurs, considérés aujourd'hui comme les pères fondateurs du mouvement, qu'est lancée en 1993 la première conférence autour du Lean Construction, à Helsinki en Finlande. Cette conférence, la première regroupant les chercheurs et professionnels du monde entier au sein de l'IGLC (International Group for Lean Construction), fut suivie chaque année depuis plus de vingt années. Glenn Ballard et Greg Howell ont ensuite cofondé le LCI (Lean Construction Institute) en 1997, qui a très vite vu des antennes nationales se créer au Chili, au Danemark et en Angleterre.

Aujourd'hui, le Lean Construction est appliqué par plusieurs dizaines de milliers de professionnels de la construction à travers le monde (de la petite entreprise au groupe coté en bourse) et est alimenté par plusieurs centaines de chercheurs répartis sur toute la surface du globe. Il fallut 60 ans à l'industrie automobile pour se transformer et appliquer les principes de Deming, le Lean Construction, avec ses 20 années d'existence, fait alors figure de jeune diplômé. De même que bien des marques automobiles ont encore récemment rencontré de grandes difficultés (GM, Ford, Jaguar…), voire ont dû cesser leur activité (Saab, Rover, Weismann…), certaines entreprises du BTP connaîtront les mêmes difficultés si elles ne font pas évoluer leur modèle actuel pour produire moins cher durablement comme Toyota.

Revenons chez Toyota. Tout comme Taichii Ohno (ingénieur en chef de Toyota), Eiji Toyoda (futur président de Toyota et inventeur du Juste-à-Temps) a également étudié les usines de Ford pendant trois mois, à Detroit aux États-Unis, et a pu se rendre compte des possibilités d'amélioration des unités de production au Japon. Toyoda et Ohno ont tous deux conclu qu'il y avait des gaspillages (*muda* en japonais) partout dans l'usine de Ford. Un exemple était

---

4. *Uncertainty and Project Objectives*, Guilford, Royaume-Uni, 1993.

le haut niveau de stock gardé à l'intérieur de l'usine (qui engendrait un coût substantiel) dont bon nombre des pièces étaient en réalité défectueuses. Il y avait du *muda* de main-d'œuvre, d'attentes, de transport... Ils notèrent que seuls les ouvriers sur la ligne de production créaient de la valeur. Des spécialistes issus de l'élite étaient responsables de la conception des processus de production et du management des ouvriers. Le rôle du contremaître était restreint à la surveillance des ouvriers de la ligne de production, à leur bonne application des règles ; eux, en retour, ne faisaient qu'appliquer des gestes répétitifs. Shigeo Shingo, un ingénieur industriel de Toyota, a, à l'époque, identifié sept sources de gaspillages dans les productions de masses :

1. surproduction ;
2. attentes ;
3. transports/convoiements ;
4. surqualité ;
5. stockages ;
6. déplacements ;
7. non-qualités.

Ohno réalisa que toutes sources de gaspillages induisaient un coût financier important :

- La surproduction produit des quantités plus importantes que les besoins du marché.
- Les attentes entre postes de travail entraînent des surcoûts de main-d'œuvre.
- Les transports de produits d'un bout à l'autre de l'usine engendrent des coûts importants en énergie et logistique interne.
- Fabriquer avec des méthodes et outils non optimisés demande des matières premières (intrants) plus importantes pour produire le produit fini.
- Le stockage de pièces non nécessaires induit des manutentions et des coûts excessifs.
- Les déplacements intempestifs sont autant de temps improductifs coûtant à l'entreprise.
- Refaire tout ou partie de produits déjà engagés dans la transformation, alors que la non-qualité aurait pu/dû être détectée au plus tard dès son apparition, entraîne des coûts très importants. Plus un défaut est détecté tôt, moins il coûte cher à corriger.

De ce constat, Ohno établit un système coordonnant le flux de pièces sur une base journalière, de façon à ce que chaque pièce soit produite et passe à l'étape suivante, tirée par la demande immédiate du client ; ce qui sera développé sous le concept de Toyota Production System. À chaque poste de travail, les opérateurs contrôlent leurs propres opérations sur la base d'observations et propositions, plutôt que sur la base de métriques (indicateurs) de performances. Le flux de production s'autorégule par l'application du *Takt Time*. Le terme *Takt* est un mot allemand emprunté à la musique et assimilable à « métronome ». Ce métronome battrait la fréquence de travail à laquelle travailler pour fournir la demande exprimée ; pas plus, pas moins.

3.2.3 Cartes kanban

Plus tard, en 1958, une carte appelée « *Kanban* » (du japonais « fiche (cartonnée) ») fit son apparition comme moyen de communication entre les différentes lignes de production et devint un élément important du JIT (*Just In Time* ou juste-à-temps). Ohno s'était simplement inspiré de ce qui existait déjà dans les supermarchés américains.

Les cartes kanban minimisent les besoins en stock par une communication «à revers» et permettent un contrôle visuel. Elles contiennent des informations telles que le nom de la pièce, sa description, les instructions spécifiques de procédé éventuelles et la quantité demandée. Toujours dans la démarche de flux tiré, la carte kanban signale, en remontant le flux, quand la production va nécessiter du stock; le stock n'est donc réalisé qu'en cas de besoin. Le corollaire est que la quantité de stock peut vite baisser et atteindre un niveau critique et, pour éviter les problèmes, le JIT doit s'organiser autour d'un outil de production aussi flexible que possible, avec des temps de (re)configuration aussi faibles que possible.

Dans ce système, où les fournisseurs sont intégrés, les pièces sont livrées directement sur la ligne de production, s'affranchissant ainsi de la nécessité (et des coûts) de stockage. Toyota était déjà capable de répondre aux attentes de chaque client individuellement dans un temps très réduit et, au milieu des années 1970, le temps de fabrication d'un véhicule est passé de 15 jours à 1 seule journée. Il est important de noter à ce stade que l'amélioration majeure apportée par Ohno n'était nullement technologique, mais qu'elle était le résultat de l'implication de tous les participants intervenant dans la fabrication de la voiture (donc satisfaction du client) dans une démarche d'élimination des gaspillages de toutes sortes.

Sa capacité à partager sa connaissance avec le reste du monde est à porter au crédit de Toyota. Qui le souhaitait pouvait visiter facilement ses installations. Toyota a créé des alliances stratégiques, notamment avec General Motors, et a consenti à ce que deux de ses employés les plus importants, Ohno et Shingo, publient un ouvrage expliquant le succès de leur méthode. En fait, plus que basé sur un outil, sur une méthode ou sur une technologie, le succès des équipes Toyota est dû aux relations exceptionnelles entretenues avec leurs fournisseurs dans la recherche continuelle de l'optimisation. Des relations purement contractuelles et conflictuelles ont été dès le début considérées comme du pur gaspillage. Au contraire, Toyota a choisi deux ou trois fournisseurs et leur a garanti un volume de travail. Cette relation de confiance a permis de réduire considérablement les gaspillages, les coupes arbitraires dans les coûts, promu l'innovation et a augmenté les profits pour l'ensemble des parties prenantes.

3.2.4   JIT (*Just In Time*)

Alors que la production de masse est largement dictée par un système en flux «poussé» basé sur des prévisions de consommation, le JIT répond à la sollicitation (commande ou demande) du client. Le client est le principal moteur de la production, non l'inverse. La production de masse passe par la production de la quantité la plus importante possible puisque l'ajustement et la modification des machines pour changer de production sont largement consommateurs de temps. Le JIT, au contraire, cherche à établir de plus nombreuses lignes, plus petites et plus agiles (souples) dans leur configuration et donc capables de s'adapter aux variations de demande autant quantitatives que qualitatives. Les entreprises qui ont appliqué le TPS (Toyota Production System) ont diminué de 90 % leur temps de (re)configuration. Omark Industries, une des premières entreprises américaines à avoir adopté le TPS, a vu son temps de (re)configuration de machines passer de plus de 8 heures à 64 secondes. Avant tout, le JIT est source de coûts et de temps de fabrication réduits, en plus de permettre une concentration sur la qualité.

3.2.5 TPS (Toyota Production System)

Le TPS est donc le système entier que Toyota a mis en place et qui a permis d'asseoir leur position d'acteur incontournable, produisant les véhicules parmi, sinon les plus fiables au monde. Le TPS est très souvent représenté sous forme d'une maison.

THE TOYOTA WAY
Respect
Travail en équipe
Challenge
Kaizen
Genchi Genbutsu
• Respectons les autres
• Faisons des efforts pour comprendre les autres
• Prenons des responsabilités
• Faisons de notre mieux pour construire la confiance mutuelle
• Stimulons l'épanouissement personnel et professionnel
• Partageons les opportunités de développement
Voyons à long terme pour relever les défis avec courage et créativité et nous réaliserons nos rêves
Améliorons toujours les modes opératoires en essayant sans cesse d'innover et d'évoluer
Allons à la source pour trouver les **faits**, prenons ainsi des décisions rapides, correctes et créons confiance et consensus
Respect d'autrui
Amélioration continue

D'après Patrick Dupin, Delta Partners.

Cette représentation permet de bien comprendre l'importance de l'harmonie et de l'équilibre des différents outils qui forment le Lean. Chaque élément de la maison est indispensable et inséparable. De plus, chaque élément en soutient un autre, s'imbriquant dans le système pour lui donner une cohérence globale, les uns venant compléter les autres.

Kaizen: amélioration continue.

Genchi Genbutsu: principe se rapprochant de la méthode TQM (Qualité totale): plus de longues discussions dans les salles de réunion. Les managers et ingénieurs quittent leurs bureaux, et au lieu de débattre assis dans une salle, débattent directement dans l'atelier devant les machines et les outils avec les principaux acteurs de la production. Le Genchi Genbutsu est avant tout un outil de communication et d'écoute.

Les deux piliers principaux correspondent également à deux autres notions fondamentales du TPS, *Heijunka* et *Jidoka*, respectivement pilier de gauche et de droite.

Heijunka: le principe est de lisser le niveau de production (sur l'heure, la journée puis le mois et l'année), le but étant de créer un flux de production le plus continu et constant. Ce lissage de la production permettra d'éviter les pics et creux d'activité; ou tout du moins de les identifier et les anticiper pour en minimiser l'impact sur la productivité et le flux de production.

Jidoka: le principe est de rendre la machine (le système) le plus autonome possible et limiter ainsi l'intervention humaine (pour maintenance ou correction). Une série de voyants de maintenance sont insérés afin de détecter le moindre problème avant qu'il ne bloque le flux. C'est introduire de l'autonomie dans l'automation; donc créer de «l'autonomation», (équivalent français de *Jidoka*). Le but est donc de ne jamais produire de mauvaises pièces ni arrêter la production et résoudre directement les problèmes avant de produire des pièces qui ne seraient pas conformes aux attentes du client.

Note: Ces deux derniers grands principes n'étant pas «directement» applicables au secteur de la construction, ils n'ont pas été repris sur le schéma du TPS.

3.2.6 « Lean »

Le terme *« Lean »* est attribué à John Krafcik (1988)[5], chercheur au laboratoire IMVP (International Motor Vehicle Program) au MIT (Massachusetts Institute of Technology, à Boston). L'IMVP a été créé en 1980 pour étudier le secteur de l'automobile au niveau international et examiner les différences entre la production de masse et la méthode innovante proposée par les Japonais. Les chercheurs ont utilisé le terme *Lean* pour décrire ce qu'ils voyaient, un système de production innovant et supérieur. Suite aux mesures effectuées, les chercheurs trouvèrent des différences significatives dans les niveaux de productivité des entreprises manufacturières automobiles japonaises, européennes et américaines. Ils trouvèrent ensuite que l'avantage japonais provenait en grande partie de Toyota. En 1980 :

Tableau 3.1 Performances en conception comparées.

	Japon	**États-Unis**	**Europe**
Moyennes d'ingénierie (milliers heures)	1,7	3,1	2,9
Temps moyen de développement (mois)	46	60	57
Implication du fournisseur dans l'ingénierie	51 %	14 %	37 %
Durée d'un projet (mois)	6	12	11
Avant recouvrement des standards qualité (jours)	1	11	12
Temps de la production à la vente (mois)	1	4	2

D'après Womack, Jones et Roos, 1990, p.118.

Tableau 3.2 Performances de production comparées.

	Japon	**États-Unis**	**Europe**
Pièces sorties			
Productivité (heures/véhicule)	17	25	36
Qualité (défauts/100 véhicules)	60	82	97
Main-d'œuvre			
% de main-d'œuvre collaborative	69	17	1
Nombre de niveaux hiérarchiques (usine)	12	67	15
Suggestions par employé (par an)	62	1	1
Surface de travail			
Surface (m²/véhicule/année)	0,6	0,8	0,8
Surface de réparation (% de la ligne de production)	4	13	14
Stock (jours)	0,2	3	2

D'après Womack, Jones et Roos, 1990, p.92.

Il ne fait aujourd'hui aucun doute que le Toyota Production System était très en avance sur son temps ; un exemple pour la conception et la production de tous types de biens et de services.

---

5. *Triumph of the Lean Production System*, édité par The Sloan Management Review.

Le TPS se basait sur deux grands piliers : le JIT et l'autonomatisation, fusion de *autonomie* et *automatisation*, deux termes, à y regarder de plus près, pas si antagonistes que cela. Liker (2004) a décrit 14 principes du TPS dans son ouvrage *Toyota Way*, un texte important dans la genèse du Lean Construction, et montre bien le changement de cap par rapport aux approches plus traditionnelles de commande/contrôle. Ces 14 principes s'organisent en 4 catégories.

I. Résolution des problèmes (apprentissage et amélioration continue)

    a. *Créez une organisation en perpétuel apprentissage.*

    b. *Observez d'abord la situation pour la comprendre dans son ensemble.*

    c. *Prenez vos décisions sans précipitation, recherchez le consensus en considérant toutes les options. Une fois le choix fait, implémentez rapidement.*

II. Hommes et partenaires (respect, challenge, acquisition de compétences)

    a. *Favorisez l'évolution de chefs de file qui ont une compréhension complète du travail, qui portent en eux la philosophie, et l'enseignent aux autres.*

    b. *Créez des leaders qui adhèrent totalement à la philosophie du respect, du développement et du challenge des hommes et des équipes.*

    c. *Respectez, challengez et aidez vos fournisseurs.*

III. Processus (éliminer les gaspillages)

    a. *Créez un processus en flux continu pour révéler les problèmes.*

    b. *Utilisez le flux tiré pour éviter les surproductions.*

    c. *Nivelez les charges de travail.*

    d. *Stoppez la production quand il y a un problème de qualité.*

    e. *Standardisez les tâches pour une amélioration continue.*

    f. *Utilisez des contrôles visuels pour promouvoir la transparence.*

    g. *N'utilisez que des technologies éprouvées et fiables.*

IV. Philosophie (Démarche au long terme)

    Basez vos décisions managériales sur le long terme, même aux dépens d'objectifs financiers à court terme.

Le Lean Production se décrit le mieux en le comparant à la production de masse d'un côté et à l'artisanat de l'autre. L'artisanat était la norme dans toute la période préindustrielle, basé sur des ouvriers hyperqualifiés réalisant des produits uniques et adaptés à chaque client (ou en très petite série). Les produits issus de l'artisanat sont généralement chers et peu accessibles au plus grand nombre. Par contraste, la production de masse utilise des ouvriers non qualifiés ou très peu qualifiés pour produire des produits tous identiques en grande quantité, fabriqués par des machines spécialisées et par des processus pensés par une élite.

Les fabricants de masse produisent de très grandes quantités d'une sélection réduite de modèles, en acceptant un niveau plus ou moins élevé de qualité et de finition. Les manufacturiers Lean, eux, recherchent la perfection, le niveau de défaut « zéro », le niveau de stock « zéro », des coûts réduits et une palette de produits productibles la plus vaste possible. Les producteurs Lean ont sans cesse la préoccupation du flux continu de valeur ajoutée : un ajout continu de valeur à un produit ou à un service (une pièce en même temps) en évitant ou éliminant les interruptions ou activités qui n'ajoutent pas de valeur. Des exemples de non-valeur ajoutée seraient les gaspillages de matériaux, de temps, de main-d'œuvre… Les industriels Lean s'intéressent aux causes profondes des gaspillages comme les processus défectueux, les mauvais agencements d'usine, les manques de standardisation, les erreurs par les opérateurs, les erreurs dans la communication et les mauvaises décisions de la part du management.

Quand le Lean est devenu populaire et mieux connu d'un plus grand nombre, la tendance fut de le réduire à une série d'outils et de méthodes, mais le Lean est aujourd'hui reconnu comme un principe fondamental. Comme l'écrivait Diekmann (2004)[6] : « *Notre conclusion finale est que le Lean ne peut pas être réduit à un set de règles et d'outils. Il doit être appréhendé comme un système de pensée et de comportement partagé tout au long de la chaîne de création de valeur.* »

3.3 Origines du Lean Construction

Franck Gilbreth[7] avait déjà, dans les années 1890, identifié le potentiel d'amélioration du secteur de la construction s'il appliquait certaines approches de l'industrie manufacturière, notamment sur la vitesse d'exécution et l'efficacité de la main-d'œuvre. Gilbreth est considéré comme le père de l'ingénierie industrielle pour avoir travaillé sur les principes de Taylor. Gilbreth s'est tout d'abord intéressé à la maçonnerie brique ; et nota que bien des déplacements et gestes étaient purement inutiles car ne contribuaient en aucun cas à l'érection du mur. L'ouvrier cherchait chaque brique, la tournait et la retournait pour ensuite la poser sur le mur et l'enduire. Gilbreth fit plusieurs recommandations ; dont celle de localiser le tas de briques sur l'échafaudage à hauteur d'homme ; alimenté par des manutentionnaires moins qualifiés (et moins payés), ce qui permettait aux maçons qualifiés de se concentrer sur leur valeur ajoutée. Gilbreth développa une série de « meilleures méthodes » qui réduisirent le nombre de mouvements et déplacements de 18 à 4, minimisant ainsi la fatigue et maximisant la productivité.

Gilbreth mit en place une série d'expérimentations dans le but de trouver la charge optimale qu'un ouvrier peut charrier dans une brouette chaque jour, en sécurité. Il développa des standards de main-d'œuvre pour augmenter la prédictibilité des travaux. Gilbreth a monté sa propre entreprise de construction et a fait partie des entreprises les plus profitables et respectées du début du xxᵉ siècle. Il a, avec l'aide de sa femme Lillian, développé un corpus de connaissances qui allait devenir l'ingénierie industrielle. Au courant du xxᵉ siècle, la productivité de la construction s'améliora, mais toujours moins vite que dans l'industrie manufacturière. L'étude de Cavallo menée aux États-Unis (et publiée en 2009[8]) montra que, sur la période 1967 à 2007, la productivité augmenta annuellement de 1,8 % dans les secteurs industriels (hors exploitations industrielles) mais, dans le même temps, seulement de 0,6 % dans la construction.

---

6. *Measuring Lean Conformance*, 11ᵉ Conférence IGLC, édité par Strobos.
7. Ingénieur et entrepreneur de la construction, membre de l'American Society of Mechanical Engineers (ASME).
8. *Capital-Goods Imports, Investment-Specic Productivity, and U.S. Growth*, édité par National Graduate Institute for Policy Studies (GRIPS).

Une proportion relativement faible du total des heures passées sur un chantier est vraiment productive. Le rapport de 1990 par Michael Pappas[9] a relevé que, dans la construction métallique, seulement 11,4 % des heures observées sur chantier créaient de la valeur ajoutée. Hammarlund et Ryden en 1989[10], puis Nielsen et Kristensen en 2001[11], ont, à leur tour, observé que les opérations à valeur ajoutée ne représentaient que 30 % du temps passé sur chantier, tous corps d'état confondus. Lauri Koskela en 1992[12] s'est penché sur l'application des techniques industrielles dans la construction. Koskela passa une année à l'université de Stanford comme professeur visiteur et conduisit une étude désormais célèbre : « Application de la nouvelle philosophie de production à la construction ». Il a mis en lumière les parallèles entre ces deux secteurs en caractérisant la construction comme une forme de production. Koskela a modelé cette nouvelle philosophie de production d'après le TPS dont l'efficacité ne fait plus de doute. Même s'il est vrai que certains chercheurs avant lui avaient proposé des solutions basées sur les mêmes principes (préfabrication et modularisation) pour traiter la sous-performance du secteur de la construction, Koskela proposa une nouvelle approche, indépendante de la technologie, mais fondée sur les principes de la philosophie de production, qui passe par trois étapes :

1. mise en place d'outils tels les cartes kanban ;

2. mise en place de méthodes manufacturières ;

3. application d'une démarche de management différente (Lean Manufacturing, JIT, Total Quality Control…).

Koskela, se référant à de très nombreuses études menées aux États-Unis et en Europe dans les usines manufacturières, a montré que les méthodes de management de la production les plus efficaces sont basées sur la philosophie JIT (juste-à-temps). Avant lui, les études de Schönberger en 1986[13] puis de Harmond et Peterson en 1990[14] aboutissaient au même type de conclusion. Dans un schéma classique de production, le matériau est convoyé d'un poste à l'autre, passant par des étapes bien distinctes ; inspecté et déplacé vers le poste suivant, ou bien mis en stock en attente de pouvoir reprendre son cheminement. Le contrôle et l'attente sont considérés comme partie intégrante du processus de fabrication, en tant que « flux ». Les postes de transformation sont considérés comme apportant de la valeur alors que les postes de « flux » ne le sont pas. Koskela, lui, considère le Lean appliqué à la construction, le Lean Construction, comme un processus flux, combiné à des activités de transformation. Cette vision a été à la base de ce qui allait devenir la théorie du TVF (*Transformation Value Flow*). L'amélioration de la productivité peut passer par l'élimination ou la réduction des activités « flux », tout en travaillant sur les activités de transformation pour les rendre plus efficaces.

Koskela attribuait la prévalence des activités à non-valeur ajoutée à trois causes fondamentales : la conception, l'ignorance et la nature même de la production (construction). Selon lui,

9. *Evaluating Innovative Construction Management Methods through the Assessment of Intermediate Impacts*, Université du Texas à Austin, Department of Architectural and Civil Engineering.

10. *Effectivity in the Plumbing Industry – the Use of the Working Hours* (en suédois), Svenska Byggbranschens utvecklingsfond, Suède.

11. *Time study of the erection of concrete walls on the NOVI Park 6 Project*, Svenska Byggbranschens utvecklingsfond, Suède.

12. *Application of the new production philosophy to construction*, CIFE.

13. *World Class Manufacturing: The Lessons of Simplicity Applied*, Free Press.

14. *Reinventing the Factory: Productivity Breakthroughs in Manufacturing Today*, Free Press.

la mauvaise conception serait le fait de la subdivision des tâches (fragmentation), puisque chaque sous-tâche augmente intrinsèquement le niveau global de contrôle, d'inspection, d'attente et de déplacements.

Koskela a listé les principes heuristiques suivants :

1. réduire la part d'activité à non-valeur ajoutée ;
2. augmenter la valeur du produit fini par la prise en considération systématique des besoins du client ;
3. réduire la variabilité ;
4. réduire le temps de cycle ;
5. simplifier par la minimisation du nombre d'étapes, de matériels et matériaux ainsi que des liens entre eux ;
6. augmenter la flexibilité dans le produit fini ;
7. augmenter la transparence des processus ;
8. focaliser le contrôle sur l'ensemble du processus ;
9. équilibrer l'amélioration des flux avec l'amélioration des conversations ;
10. Benchmark.

Il faut noter, en lien avec ces principes heuristiques, que :

1. les activités à non-valeur ajoutée peuvent être limitées par leur identification, leur mesure et leur modification (reconception de l'activité) ;
2. la valeur du produit fini peut être augmentée en identifiant chaque étape de son processus de fabrication et en clarifiant les attentes du client ;
3. la haute variabilité des temps de production dans la construction augmente le volume d'activité à non-valeur ajoutée ;
4. le contrôle de processus nécessite des mesures ainsi qu'une autorité assignée à ce contrôle, pouvant être transversale et autogérée indépendamment des contraintes productives. L'esprit d'équipe et la coopération avec les fournisseurs (et sous-traitants) sont des sources importantes d'optimisation globale du flux de production, dans le cas d'une organisation impliquant plusieurs entreprises, comme c'est souvent le cas dans la construction.

Glenn Ballard et Lauri Koskela se sont rencontrés à l'université de Berkeley en Californie, ont commencé à confronter leurs visions et aspirations, et étudié une contribution à un changement concret du futur proche de la construction. C'est de cette rencontre, puis de cette collaboration qu'est née en 1993 la première conférence autour du Lean Construction, à Helsinki. C'était le début de plus de vingt années de conférences annuelles, regroupant les chercheurs et professionnels du monde entier au sein de l'IGLC (International Group for Lean Construction). C'est lors de cette toute première conférence d'Helsinki que le terme « Lean Construction » a été retenu, comme le rappelle Glenn Ballard. Ballard et Howell ont ensuite cofondé le LCI[15] (Lean Construction Institute) en 1997, qui a très vite vu des antennes nationales se créer au Chili, au Danemark et en Angleterre.

---

15. http://www.leanconstruction.org/

Ballard inventa ensuite, en 1992, une méthode de planification collaborative qui allait devenir l'outil phare du Lean Construction : le LPS (Last Planner® System). Le LPS se base sur la réduction des strates hiérarchiques, et transfère une partie du pouvoir de planification aux chefs de chantier, pour allouer au mieux les ressources disponibles dans une prévision hebdomadaire. Ballard complétera son système en 1998 avec l'ajout de la fenêtre glissante à 6 semaines et la détermination du planning enveloppe de manière collaborative en début d'opération. Ces évolutions avaient pour but d'asseoir définitivement les flux au centre du système : en réduire la variabilité par rapport aux prévisions et utiliser des marges tampons pour limiter l'impact des variabilités de flux résiduelles.

Le Lean Construction était né.

3.4   Problèmes du système actuel

La construction traditionnelle est principalement basée sur l'artisanat, elle connaît donc intrinsèquement un rythme de travail moins élevé mais un coût supérieur qu'en production de masse, qui utilise le Lean depuis près d'un demi-siècle. Ces travaux artisanaux sont conduits par une multitude d'entreprises spécialisées (électriciens, plombiers, plaquistes, carreleurs…) dont les travaux sont très interdépendants, souvent rassemblés sous la coupe d'une entreprise générale centrale, qui regroupe les contrats. Cette relation contractuelle centralisée vers l'entreprise générale tend à placer, *de facto*, chaque entreprise sous-traitante dans une position individualiste, chacune face au camp adverse par le jeu des pénalités de retard. Aucune de ces entreprises sous-traitantes ne souhaite être tenue pour responsable d'un quelconque retard, une part conséquente du temps et de l'énergie de leurs conducteurs de travaux est consacrée à se dédouaner plutôt qu'à chercher l'optimisation. Un chantier étant avant tout réalisé par des hommes, les théories des comportements humains et des groupes s'y appliquent à la perfection.

Combien de conducteurs de travaux ou directeur d'opérations n'ont-ils pas appris à déceler et parer les mécanismes cognitifs régissant ces théories et aboutissant souvent à des comportements irrationnels ?

Le dilemme du prisonnier appliqué à la construction

Deux entreprises agissant sur un chantier ont été identifiées comme seules à l'origine du retard, sans que l'on puisse définir avec certitude le degré de responsabilité de chacune. Les conducteurs de travaux de chacune de ces entreprises sont convoqués séparément par le maître d'ouvrage pour s'expliquer et doivent donc choisir entre reconnaître leur responsabilité ou nier.

Les règles qui leur sont imposées par le maître d'ouvrage sont simples :

- Si l'un reconnaît (et s'engage immédiatement à rattraper son retard) et que l'autre le dénonce, le premier devra payer une pénalité réduite de 4 000 €, le maître d'ouvrage considérant que la situation est en bonne voie de résolution.

- Si chacun des deux dénonce l'autre, ils se voient chacun appliquer une pénalité de 8 000 €, le maître d'ouvrage étant incapable de déterminer avec précision les responsabilités respectives, et imputant aux deux la responsabilité du retard.
- Si les deux reconnaissent leur responsabilité, ils se voient chacun appliquer une pénalité réduite de 2 000 €, le maître d'ouvrage considérant que la situation ne pourra que s'améliorer.

Mettons-nous maintenant à la place d'une des entreprises.

- « Si l'autre entreprise reconnaît sa responsabilité, alors j'ai également intérêt à reconnaître la mienne car je n'aurai que 2 000 € de pénalité au lieu des 4 000 € si je la nie. »
- « Si l'autre entreprise nie et me dénonce comme responsable, alors j'ai intérêt à reconnaître car je n'aurai que 4 000 € à payer au lieu des 8 000 € si je la nie. »

Donc : « Quelle que soit la situation, il est dans mon intérêt de reconnaître ma responsabilité. »

		Entreprise B	
		Reconnaît	Dénonce A
Entreprise A	Reconnaît	2 000 € chacune	A : 0 € B : 4 000 €
	Dénonce B	A : 0 € B : 4 000 €	8 000 € chacune

C'est ici qu'apparaît le dilemme : l'intérêt commun est de reconnaître individuellement, mais l'intérêt personnel est de dénoncer. Si chacune des entreprises fait ce raisonnement, les deux vont probablement choisir de nier leur responsabilité et dénoncer l'autre, ce choix étant le plus empreint d'irrationalité mais le plus généralement observé.

Conformément à l'énoncé, elles écoperont dès lors de 8 000 € de pénalité chacune. Or, si elles avaient toutes deux reconnu leur responsabilité, elles n'auraient écopé que de 2 000 € chacune. Ainsi, lorsque chacun poursuit son intérêt individuel, le résultat obtenu n'est pas optimal (au sens de Vilfredo Pareto).

Cette simulation, d'un point de vue mathématique, est à somme non nulle : la somme des « gains » pour les participants n'est pas toujours la même et soulève la question de la coopération.

La tendance naturelle, humaine, des entreprises est de nier leur responsabilité dans la survenue du retard. De plus, il n'est pas rare qu'en prévision de cette éventualité les entreprises aient déjà commencé à constituer un dossier de type « réclamation » (« *claim* »), en vue de préparer leur défense et donc de nier en bloc.

Ce comportement pose deux problèmes majeurs. D'abord, il aboutit aux pénalités les plus élevées, et surtout prive l'entreprise de la possibilité de mettre en place une vraie démarche collaborative avec l'autre. Les travaux étant interdépendants les uns des autres, il est fort à parier que les deux mêmes (ou d'autres) entreprises du chantier seront à nouveau convoquées chez le maître d'ouvrage, les mêmes causes produisant les mêmes effets, jusqu'au grippage complet de la situation sur chantier ou la faillite d'une des entreprises.

Les entreprises ont donc tendance, dans le système traditionnel, à vouloir effectuer leurs travaux le plus rapidement possible pour ne pas être inquiétées en cas de retard, mais sans réelle communication avec les autres entreprises présentes (ou à venir) sur chantier. Ce schéma est plus source de pollution et d'inefficacité que de productivité. Les cas d'entreprises de plomberie, d'électricité et de ventilation se battant pour le même plénum ne sont pas rares. Ils engendrent de nombreux gaspillages sur le chantier (attentes, déplacements, doublons…) et donc une baisse de la productivité.

Le chantier «dérape» en délais et en coûts, qui deviennent les objectifs primordiaux. Le chef de projet ou l'entreprise générale apporte de nouveaux équipements (matériels, technologies, outils) et les durées des tâches sont mises à jour en fonction des ressources disponibles. Malheureusement, ces efforts n'ont généralement qu'un impact limité sur la performance globale du chantier ; les plannings glissant très souvent, les chefs de projet sont et restent en mode «réaction corrective», sans voir que la plupart des problèmes peuvent être vus en amont et solutionnés par la mise en place d'une communication efficace. Les actions correctives sont le plus souvent «hors budget» car non prévues par définition, et dégradent donc encore un peu plus les marges opérationnelles. Elles deviennent rapidement sources de tension à l'intérieur même de l'entreprise.

Les méthodes de gestion de projet traditionnelles sont assez limitées dans leur capacité à réduire la variabilité de l'exécution sur chantier. La méthode traditionnelle, et largement répandue, du chemin critique (ou ligne brisée) permet le suivi des tâches (barres de Gant) en déterminant si ces tâches sont en avance ou en retard par rapport au planning référence. Cependant, il n'y a dans ce schéma aucune incitation pour les entreprises à travailler ensemble.

Les méthodes de gestion de projet traditionnelles incitent également à réagir au retard par l'ajout de ressources, partant du postulat mathématique que plus le chantier est en retard, plus il doit aller vite pour rattraper son retard, et donc plus il a besoin de ressources pour maintenir ce rythme. Les chantiers se trouvent donc emplis de ressources en matériel, en matériaux et en main-d'œuvre, à des coûts très importants. Si rien n'est changé dans l'organisation du chantier, les ressources supplémentaires amenées seront pures pertes, le chantier ne pouvant intrinsèquement pas les absorber dans sa configuration. Les délais et coûts ne sont pas réduits, même plutôt augmentés, renvoyant à la situation de départ, avec un niveau de stress et d'urgence augmenté d'un cran.

3.5 Caractéristiques du Lean Construction

Adopter la philosophie Lean signifie d'abord et avant tout quitter les méthodes traditionnelles et changer les comportements. Le changement culturel est le plus grand challenge auquel doit s'attendre toute personne ou organisation qui souhaiterait commencer le déploiement d'une démarche Lean. On ne peut forcer les gens à changer. Ils doivent se laisser entraîner pour adhérer, et ensuite être eux-mêmes promoteurs de la démarche. La relation à autrui doit évoluer. Dans un schéma Lean, la main-d'œuvre doit être considérée et traitée comme le capital le plus important de l'entreprise, elle n'en sera que plus réactive, fiable et motrice.

3.5.1 Principes du Lean

Les cinq principes du Lean tels que décrits par Womack *et al.* en 1994[16] s'appliquent à n'importe laquelle des organisations. Ce sont les suivants :

1. Créer de la valeur : il est essentiel d'identifier la valeur réellement portée par le client et la lui fournir. Les organisations Lean, par le flux tiré, résistent à la tentation de persuader le client que ce qu'il désire est ce qui est le plus simple à fournir par l'entreprise.

2. Connaître sa chaîne de valeur : faire la cartographie de la chaîne de valeur pour chaque produit ou service facilite l'identification des gaspillages, et leur élimination en forçant la collaboration entre les parties prenantes.

3. Maintenir le flux : il est nécessaire de penser ses opérations en un flux idéal passant par des étapes successives créant chacune de la valeur.

4. Tirer (plutôt que pousser) : une grande partie des efforts à réaliser passe par le maintien du flux, tiré par le produit fini demandé par le client.

5. Chercher la perfection : même si elle ne devait jamais être atteinte, développer des instructions de travail, des procédures et établir des contrôles qualité ; toujours en impliquant celles et ceux qui réalisent le travail.

3.5.2 Valeur

Les activités à valeur ajoutée transforment les matériaux et les informations en produits et services demandés par le client. La valeur n'est donc pas nécessairement uniquement économique. Wandahl et Bejder (2003)[17] font la différence entre « valeur de produit » et « valeur de processus ». La valeur de produit a trait aux aspects tangibles : composition, prix, respect des normes… La valeur de processus a, elle, trait aux différentes étapes de la construction dans leurs environnements propres : délais, communication, équipes…

Les activités à non-valeur ajoutée sont consommatrices de ressources, mais ne participent pas à la transformation du produit fini tel que demandé par le client. Pour illustrer ces notions d'activités à valeur ajoutée et à non-valeur ajoutée, prenons l'exemple de la fixation d'une prise électrique dans sa boîte préalablement scellée dans le béton :

- Du câble électrique pend de la boîte encastrée.

- L'électricien cherche (et trouve ?) ses outils.

---

16. *Le système qui va changer le monde*, James P. Womack, Daniel T. Jones et Daniel Roos, Rawson Associates, 1990 et Dunod Éd., 1994.

17. *Value-based management in the supply Chain of construction projects*, présenté lors de la "11th Annual Conference on Lean Construction", Lean Construction Journal.

- Il tient le câble d'une main et le cutter (ou pince câble) de l'autre pour ajuster la gaine du câble en vue de faire le branchement.
- Il coupe le câble à une longueur approximative et dénude chaque câble avant de le connecter, puis de serrer les vis de connexion électrique.
- Il pré-love ensuite le reste des câbles afin qu'ils rentrent bien dans la boîte d'encastrement, avant de fixer la prise au mur avec les vis de montage.
- L'électricien va ensuite chercher le prochain boîtier de prise dans le stock pour passer à la suivante.

Les étapes requises pour connecter et fixer la prise au mur prennent environ 1 minute, ce qui représente la somme des étapes à valeur ajoutée. Les durées de fixation observées sur chantier sont plutôt de l'ordre de 3 à 4 minutes ; cette différence s'expliquant par les temps d'attente à chercher les outils et les matériels.

3.5.3   Cinq grandes idées

Cette approche vient du Lean Construction Consulting qui a corrélé la physique des travaux (comment les travaux sont réalisés), l'organisation, le contractuel avec la démarche Lean. Elle est particulièrement valable pour les grands projets complexes. Lichtig en 2005[18] a extrapolé ces cinq grands principes en les appliquant sur le chantier de Sutter Health Hospital en Californie et les a résumés ainsi :

1. *Collaborez, collaborez vraiment.*

   C'est par la collaboration que les parties prenantes pourront tirer le meilleur parti des actions des unes et des autres. La compréhension et les attentes des unes vis-à-vis de la conception architecturale ou technique diffèrent le plus souvent de celles des autres. Une collaboration étroite entre les acteurs principaux permet de prendre des décisions en toute connaissance de cause, de réaliser des compromis et donc de sécuriser la performance globale et individuelle. En conception, processus hautement itératif, le produit final détermine les ressources nécessaires, et les ressources disponibles le produit final. Un haut niveau de collaboration dès la phase de conception maximise les chances d'interactions positives et donc de succès du chantier, tant pour le maître d'ouvrage que pour l'entreprise.

2. *Augmentez les relations entre tous les participants du projet.*

   Chaque partie prenante sur un projet intervient au début comme un étranger. Les entreprises ne se connaissent généralement pas ou peu. La mise en place d'actions innovantes qui favorisent l'ouverture d'esprit, le développement de relations professionnelles humaines et respectueuses, va contribuer à établir la confiance, base de l'efficacité du projet.

3. *Les projets sont des réseaux d'engagements.*

   Les projets ne sont pas des processus. Le rôle du chef de projet est de créer un maillage d'engagements, dans lequel chaque partie prenante aura l'opportunité d'exprimer sa créativité et sa fiabilité par le biais de l'innovation et le respect de ses engagements ; le dessein étant d'assurer le flux le plus continu possible, en temps réel. C'est là une différence notable et fondamentale par rapport aux projets menés de manière classique, dans lesquels la

---

18. *Sutter Health: Developing a Contracting Model to Support Lean Project Delivery*, Lean Construction Journal.

fiabilité des prévisions est limitée par le schéma commande/contrôle et un leadership à sens unique.

4. *Optimisez le projet dans sa globalité, pas des morceaux.*

Dans un schéma conventionnel de gestion de projet, les ressources sont « poussées » à l'intérieur du chantier pour augmenter la vitesse d'exécution et réduire les délais. « Pousser » certaines tâches aura peut-être, pense-t-on, pour effet d'augmenter la productivité, il s'agit d'une performance locale. La performance des tâches suivantes ne s'en trouvera pas améliorée pour autant, le niveau de stress pour les réaliser aura même sensiblement augmenté.

Dans un schéma Lean, les tâches seront quant à elles le plus souvent décompressées par l'addition d'une marge tampon. La performance du projet viendra alors de la capacité de l'équipe à trouver et mettre en place des solutions satisfaisant le projet dans sa globalité. Les intérêts personnels doivent dans ce cas être mis de côté et les gains vus sur le moyen terme. Le niveau de sécurité est augmenté de 50 % dans un schéma de décisions collaboratives.

5. *Couplez étroitement l'action avec l'apprentissage.*

Une fois les conditions de collaboration mises en place, la continuité de l'amélioration passera par des observations et mesures systématiques, à intervalles réguliers. Des actions correctives et/ou innovantes pourront alors être déployées, limitant les variations et sécurisant les gains.

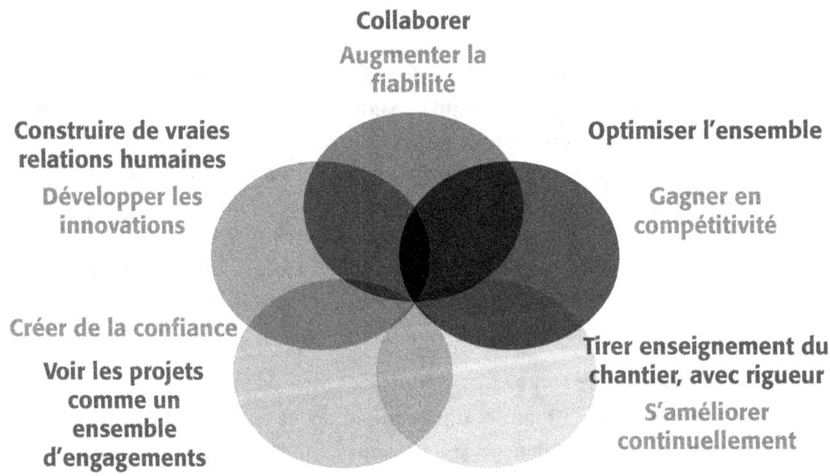

Figure 3.1 Collaborer, vraiment collaborer.

CHAPITRE 4

Productivité et performance dans la construction

La bonne compréhension de la productivité dans la construction est essentielle pour déployer durablement des stratégies d'amélioration. Comme dans toute entreprise, le principe d'amélioration continue implique des processus d'apprentissage basés sur la comparaison des états antérieurs avec l'état actuel, pour améliorer les opérations futures.

Ce « transfert » de connaissances à travers le temps fonctionne d'autant mieux qu'il est réalisé avec le cycle PDCA (*Plan, Do, Check, Act* = planifier, déployer, vérifier, agir) ou méthode de la roue de Deming. Cette méthode, en contrepartie, force à la mise en place d'une démarche « scientifique » dans laquelle la mesure (quantifier ce qui a été accompli) trouve toute son importance. La quantification de la productivité et de la performance est la fondation de l'amélioration de la conception et de la construction, indépendamment de la méthode utilisée. Ce fondamental est particulièrement vrai en Lean Construction, car basé essentiellement sur une culture d'apprentissage et d'amélioration continue.

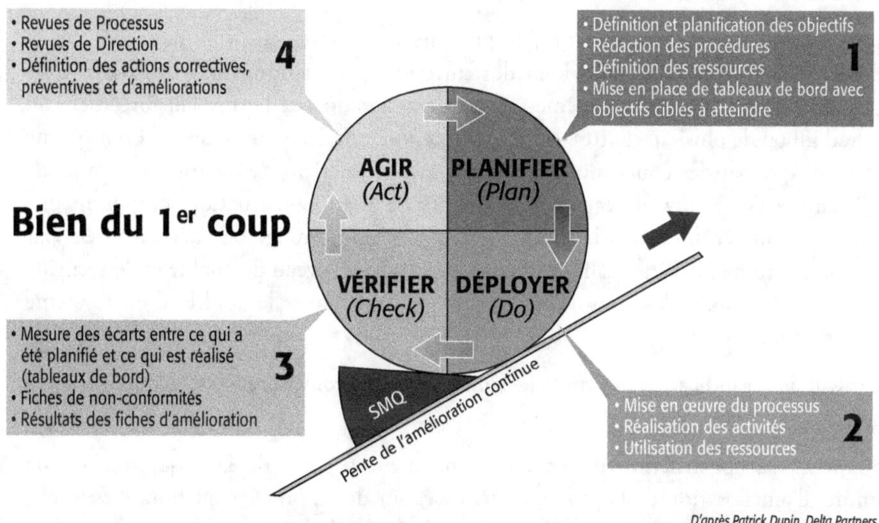

Figure 4.1 Roue de Deming.

4.1 Définition de la productivité

La productivité est la mesure de la bonne utilisation des ressources de l'organisation, pour en accomplir les buts. Mesurée comme ratio entre les intrants et les extrants, la productivité atteint son plus haut niveau de performance quand le moins de ressources sont utilisées. Il est communément admis que la productivité peut être plus finement définie par le ratio des extrants (biens et services) par unité d'intrants (main-d'œuvre, capital, énergie, etc.), sous quatre facteurs : immobilisations, matériaux, main-d'œuvre et capital. Le cinquième facteur de productivité est la technologie. Quand l'industrie manufacturière définit la productivité en termes quantitatifs, l'industrie de la construction la définit en termes qualitatifs, et donc elle ne peut être analysée au niveau du chantier lui-même. Pour mener une analyse de la productivité, il est nécessaire de définir les facteurs clés l'impactant, de les quantifier et d'établir leurs interactions.

Un projet de construction s'organise autour d'un chantier, avec ses flux externes, lui-même organisé de manière très dynamique (flux internes). Cette organisation engendre beaucoup de facteurs complexes venant impacter la productivité : managériaux, technologiques, légaux, normatifs, humains, conceptuels et relatifs au « sur-mesure » parfois nécessaire sur chantier.

4.2 Importance de la productivité

Le secteur de la construction est traditionnellement pourvoyeur d'une part significative du PIB (Produit Intérieur Brut) ; la productivité de ce secteur impacte donc directement la productivité de l'ensemble du pays. La productivité est un des facteurs clés de la performance (efficace *vs* efficient). Bien qu'il y ait consensus sur la combinaison de facteurs influant la performance (qualité, respect des délais et du budget, sécurité), la productivité reste largement calculée en relation avec les coûts (induits, générés, absorbés, gaspillés, économisés…).

La plupart des outils de gestion de projet appliqués à la construction ne mesurent pas la productivité en tant que telle. Pour bien des entreprises, il est impossible de satisfaire les quatre facteurs de productivité en même temps. L'amélioration de l'un se fait forcément au détriment d'un ou de plusieurs autres. En d'autres termes, un délai inférieur, par exemple, ne peut s'obtenir que par des coûts supérieurs et un niveau inférieur de sécurité et de qualité. Glenn Ballard et Greg Howell, les pères fondateurs du Lean Construction, proposent une approche différente, en mesurant la productivité par le pourcentage de tâches réalisées par rapport à celles promises. Cette réalisation passe par un haut niveau de qualité et de sécurité, ainsi qu'une économie des ressources et du temps, dans le cadre d'un système Lean Construction.

Pour le calcul de cet indicateur, les coûts ne sont pas pris en compte, car leur réduction est la conséquence du système mis en place et non la cause.

Les entreprises de construction pourraient grandement profiter de la mise en place de programmes d'amélioration de la productivité, basés sur des approches quantitatives impliquant l'utilisation systématique d'outils et de techniques de mesures de la productivité.

Comme le rappelle le vieil adage, «on ne peut améliorer ce que l'on ne peut mesurer». Même au niveau macroscopique, la mesure de la productivité est consistante d'une entité à l'autre (intrants divisés par extrants), facilitant la comparaison entre entreprises et même entre projets. Les entreprises doivent se doter d'un outil pour conduire l'amélioration de la performance aussi bien à l'extérieur qu'à l'intérieur du chantier. La mesure ne mènera peut-être pas directement et immédiatement à la performance ; mais l'amélioration, pas à pas jusqu'à un haut niveau de performance, débute toujours par l'identification et l'acceptation du besoin de s'améliorer.

La productivité dans la construction est donc un problème de taille, spécialement quand on la compare à d'autres industries. Le Lean Construction, parce que, d'abord et avant tout, une démarche que chacun peut s'approprier et adapter à sa propre configuration, apporte une solution simple, une feuille de route claire et des résultats concrets aux problématiques de productivité.

4.3 Effet du Lean Construction sur la productivité

L'application du Lean Construction à la construction a pour principal effet de remettre le(s) flux de production au centre de la démarche d'amélioration. La variabilité du flux de production engendre souvent des temps unitaires et des niveaux de ressources allouées à la réalisation de cet ensemble de tâches, plus importants que prévus par une augmentation substantielle du niveau des gaspillages ; véritables variables d'ajustement face à la fluctuation des flux mal maîtrisés.

Un haut niveau de variabilité dans la productivité de la main-d'œuvre a également un impact négatif sur la performance. L'application de la démarche Lean Construction apporte de la performance en diminuant les variabilités dans les flux de production (essentiellement de matériel, de matériaux, de main-d'œuvre).

Contrairement à une usine manufacturière où la production est réalisée dans un environnement contrôlé (température, hygrométrie, éclairage, qualité du support), un chantier est essentiellement réalisé «à l'extérieur». La variabilité de ces facteurs environnementaux ne pourra, selon toute vraisemblance, jamais être réduite à néant sur chantier. Cela étant, si le reste des sources de variabilité du flux est correctement anticipé et géré, alors ces «pollutions» n'auront qu'un impact mineur sur la productivité globale. La plupart des pollutions pourront également être anticipées dans une certaine mesure (exemples : il peut pleuvoir en mars, geler en janvier, faire nuit à 16h00 en décembre, y avoir de l'eau à 2 mètres de profondeur, des embouteillages à 8h00 du matin…). Ces lieux communs sont souvent éludés par les équipes de management de projet, qui comptent sur leur non-survenue pour trouver miraculeusement une marge financière ou temporelle. Or, la productivité ne doit rien au miracle.

La variabilité si commune dans la construction doit être appréhendée efficacement, sans faux-fuyant. Les principes du Lean soutiennent donc qu'une meilleure performance de la main-d'œuvre et des coûts engagés dans un projet peut être obtenue par une réduction de la variabilité. Des études sur de nombreux projets ont déterminé 8 sources de productivité de main-d'œuvre en deçà des prévisions :

1. personnel en sur ou sous-effectif ;
2. interférences avec les autres corps d'état ;
3. management des ouvriers ;
4. quantité de supports disponibles insuffisante ;
5. intempéries ;
6. erreurs de conception ;
7. réparations et doublons de production ;
8. pénuries de matériaux.

Dans un système Lean, le personnel (autant ouvriers qu'encadrants) est au niveau nécessaire et suffisant. Puisque les flux sur chantier sont mieux maîtrisés, ils varient moins et la main-d'œuvre peut donc être mieux planifiée et optimisée en fonction des besoins réels du projet. La communication est mieux assurée, les travaux anticipés et les plannings collectifs. Le système de microzoning (chaque entreprise est responsable d'une microzone et passe d'une zone à une autre comme d'une case de marelle à l'autre) permet dans ce cas de s'affranchir d'une grande partie des problèmes générés par la cohabitation inter corps d'états. Le temps dégagé ainsi pour l'encadrement peut être mis à profit pour assurer un vrai management des équipes ; un flux constant étant le signe que la quantité de travail réalisable sur chantier est (au moins) suffisante pour ne pas stopper les ouvriers. Un chantier «dans les temps» peut éviter les périodes à risque et limiter ainsi le nombre d'ouvriers exposés aux intempéries sur le chantier. Le management de projet se crée le loisir de vérifier les plans et lève les erreurs de conception avant que le virtuel ait achevé de rattraper le réel et soit bloqué sur chantier. Enfin, dans un système Lean Construction, les flux logistiques sont intégrés à la démarche de gestion de projet, commandés (tirés) par le chantier lui-même. Ils garantissent l'apport régulier, à la quantité juste nécessaire, des matériaux et évitent ainsi que la production soit stoppée par le manque d'une armature, d'une plaque de plâtre, d'un fourreau électrique… Certains délais d'approvisionnement pour débloquer la situation sur chantier peuvent être très longs et, dans ce cas-là, la loi de Murphy (embêtement maximal) s'applique à merveille.

4.4 Frein actuel de productivité et solution Lean Construction

Des recherches récentes sur la base de cartographie des flux de création de valeur ont montré qu'environ 40 à 60 % du temps passé sur chantier par les ouvriers était utilisé pour produire et que, par corollaire, 60 à 40 % du temps était improductif. Les raisons de cette perte de temps sont nombreuses (mauvaise communication, attentes des ordres et des ressources, doublons de production, accidents, rapports d'état d'avancement faux, mauvaise supervision…). Un tiers de ces «pertes en ligne» est imputable au système de management humain. La productivité du secteur de la construction est directement dépendante de la productivité des hommes sur le chantier, et bien que le niveau moyen de profitabilité nette d'un chantier se trouve aux alentours de 2-3 %, bien des entreprises n'y prêtent que peu d'attention.

Le calcul suivant est fictif et approximatif, mais illustre bien les gains potentiels dus à des initiatives d'amélioration de la performance.

Prenons le cas suivant :

Chiffre d'affaires du chantier :	10 000 000 €
Coût global de la main-d'œuvre :	4 000 000 €
Locations, matériaux, frais généraux… :	5 700 000 €
Profit net :	300 000 €

Assumons que la main-d'œuvre peut être diminuée de 5 % par l'amélioration de la productivité :

Économies en main-d'œuvre :	4 000 000 € × 0,05 = 200 000 €
Nouveau profit net :	300 000 € + 200 000 € = 500 000 €

Ainsi, la diminution de 5 % de la main-d'œuvre peut augmenter la profitabilité nette de 2/3 (66,7 %).

De la même manière, le montant des heures perdues dues à un mauvais système de management est de 1/3 × 4 000 000 € = 1 333 333 €.

Une réduction de 20 % de ces pertes économiserait 266 667 € ; le profit net révisé serait de 300 000 € + 266 667 € = 566 667 €.

Les hypothèses de réductions des pertes ci-dessus proviennent des retours chiffrés constatés après 3 ans chez la plupart des entreprises ayant décidé de changer leur paradigme. D'autres gains substantiels peuvent être trouvés dans les processus de construction eux-mêmes ainsi que dans la relation avec les sous-traitants et fournisseurs.

Cela étant, bien des facteurs ont depuis longtemps limité le développement de la productivité dans la construction et continuent non seulement d'impacter négativement mais empêchent également le développement d'initiatives dans le cadre de démarches Qualité. Les plus importants sont décrits dans les paragraphes suivants (d'après Forbes et Golomski, 2001).

4.4.1   Des pratiques de management inefficaces

Comme décrit précédemment, des études ont montré que plus de la moitié du temps perdu sur chantier était due à des mauvaises méthodes de management. De bonnes pratiques de management sont requises pour assurer la profitabilité de l'entreprise par le succès des chantiers. Dans son étude de 1988, Sanvido[1] montre qu'un management inefficace a plus d'impact sur la performance qu'une équipe démotivée et/ou incompétente.

Il y a quatre façons d'améliorer la productivité par un meilleur management de projet : 1) planifier ; 2) assurer la logistique des ressources ; 3) gérer la fourniture et la réception des informations et assurer un feedback ; 4) nommer les bonnes personnes pour assurer certaines fonctions identifiées comme clés.

---

1.   *Integrated Building Process Model, IBPM*, IAARC.

4.4.2   Focalisation sur l'inspection technique

Les bureaux de contrôle technique ont pris une place de plus en plus importante dans les processus de gestion des projets ; déplaçant de fait le curseur des préoccupations vers la conformité technique. Sur chantier, leur rôle est d'inspecter un nombre limité d'ouvrages ou de parties d'ouvrage ; mais, bien entendu, pas les conditions de performance. Même s'il n'est absolument pas remis ici en cause la légitimité ni l'intérêt des missions de ces bureaux de contrôle technique, un système plus intégré pourrait être développé dans lequel la recherche de conformité technique pourrait aller de pair avec la recherche de performance par le souci de « faire bien et conforme la première fois ».

4.4.3   Des spécialisations

En des temps pas si lointains, la notion même de maître bâtisseur mettait le maître de l'œuvre (généralement l'architecte) devant la responsabilité de déterminer dans le moindre détail comment le virtuel allait se traduire dans le réel. En d'autres termes, il devait fournir des carnets de plans, de détails, de calepinage, de spécifications techniques et qualitatives très poussées, afin que le maître bâtisseur puisse exécuter son œuvre. La conception et la réalisation de l'œuvre étaient deux phases bien distinctes ; même et surtout au point de vue des responsabilités légales. Aujourd'hui, la complexification des techniques, des matériaux et des matériels à utiliser sur un chantier a fait glisser une partie de la conception, précédemment placée sous l'égide de la maîtrise d'œuvre, « au profit » des entreprises. Les entreprises interprètent les plans de la maîtrise d'œuvre ; elles en déduisent et réalisent les plans d'exécution, qui sont censés représenter finement les attentes de la maîtrise d'œuvre et, par extension, de la maîtrise d'ouvrage.

Le maître d'œuvre n'a donc plus, en général, à se préoccuper de la constructibilité dans l'établissement de ses plans, et laisse le soin à l'entreprise d'interpréter et assurer le lien entre virtuel et réel. Les architectes sont donc de moins en moins partie prenante, et ne sont souvent même plus consultés dans la détermination et le choix des méthodes constructives. En dehors du cas des projets menés en conception/réalisation, le maître d'œuvre n'a plus l'opportunité de participer à l'établissement des méthodes constructives correspondant à l'ouvrage à construire et au résultat final attendu. Dans un schéma Lean, l'entreprise et le maître d'œuvre travaillent ensemble dès les premières étapes du projet (Avant-projet sommaire ou Avant-projet détaillé) pour valider les souhaits et besoins, aussi bien esthétiques que techniques, du maître d'ouvrage. Le schéma Lean implique une consultation des entreprises, mais également des ingénieurs, bien plus tôt dans le processus de gestion de projet. Les rôles, responsabilités, attendus et canaux de communication de chacun sont bien définis. Dans le vocabulaire Lean, ce schéma est appelé « Réalisation intégrée de projet » (*Integrated Project Delivery*), il sera développé plus amplement dans les chapitres suivants.

4.4.4   Des standards de performance flous

Les contrats d'architectes, de maîtres d'œuvre et de bureaux d'études techniques sont réputés flous en ce qui concerne les standards professionnels de performance à respecter, ce qui a souvent pour effet de mener à des attentes non satisfaites de part et d'autre. Les maîtres d'ouvrage ont le sentiment que les contrats de maîtrise d'œuvre, de conception et de réalisation protègent les architectes aux frais du chantier, donc d'eux-mêmes. Il est rare que la responsabilité du maître d'œuvre soit recherchée dans le cas d'un procès ou d'un arbitrage opposant le maître d'ouvrage à l'entreprise ; alors même que le maître d'œuvre se trouve entre les deux. La phase de levée des réserves en est un bon exemple. Bien souvent, l'ouvrage est « utilisable » par le maître d'ouvrage, mais il reste encore 5 % des travaux à terminer, et leur exécution présente généralement bien des difficultés. Une meilleure définition des standards de performance tout au long du chantier viendrait responsabiliser chaque partie prenante, du premier jour du projet au dernier jour du chantier. Cette notion d'engagement est fondamentale, primordiale dans la mise en place d'une démarche Lean, elle sera plus amplement développée dans les chapitres à venir.

4.4.5   Des sous-traitances en cascade

Par définition, un sous-traitant recevra moins d'argent que l'entreprise qui l'emploie pour faire un travail donné. Même si le client paie un prix élevé à l'entreprise mandataire des travaux, le sous-traitant peut se retrouver à devoir travailler avec un budget réduit ; parfois même, seule la portion congrue lui est laissée, et il doit « se débrouiller ». Il est donc obligé de faire des compromis sur la sécurité et sur la qualité. Puisqu'une part de plus en plus importante des travaux est sous-traitée, le niveau de fragmentation de l'équipe projet a augmenté, et les responsabilités et engagements sont donc dilués. Le sous-traitant va lui-même chercher, en local, à sous-traiter (plus ou moins officiellement, mais toujours à des coûts inférieurs aux siens), augmentant encore d'un niveau la fragmentation des équipes et la dilution des responsabilités et engagements. L'issue qualitative et légale d'un tel système est aussi incertaine qu'un tirage de loterie. Aborder les problématiques de performance dans ces conditions semble sur-optimiste ; alors même que le client peut payer un prix conséquent.

Dans un schéma Lean, le recours à la sous-traitance est limité. Certaines configurations l'imposent, parfois même à plusieurs rangs ; dans ce cas, le schéma, en forçant à la collaboration, la communication et l'engagement, limite les effets néfastes de la sous-traitance en cascade, connus dans le schéma traditionnel.

4.4.6   Une lente adaptation à l'innovation

Il manque souvent aux TPE (très petites entreprises ayant moins de 50 salariés) l'expertise et/ou les ressources financières pour s'adapter aux avancées techniques, technologiques et managériales. Elles préfèrent la plupart du temps rester dans une zone de « confort ». Ce « confort » est tout relatif et provient surtout de la routine installée, qui rassure. Il n'y a que dans l'inconnu que l'on évolue, disait le sage, mais l'inconnu fait peur, et accepter l'innovation, c'est accepter le changement. Dès lors, toute entreprise est confrontée à la délicate résolution de l'Équation du Changement (d'après Beckhard, 1969[2]) :

$$A \times V \times P > R$$

avec **A** = aversion à la situation actuelle

   V = vision de ce qu'il est possible d'accomplir

   P = premières étapes du changement

   R = résistance intrinsèque au changement

---

2.   *Organization Development: Strategies and Models*, Addison-Wesley, États-Unis.

La composante A (aversion à la situation actuelle) intègre le degré de volonté réelle de changement ; la composante V (vision de ce qu'il est possible de faire) est généralement introduite par le chef d'entreprise qui, lui seul, peut décider de la vision pour son organisation ; la composante P (premières étapes du changement) peut être proposée par un conseil extérieur ou être le fruit de réflexions collégiales au sein de l'entreprise, et donnera le rythme initial du changement ; enfin, la composante R (résistance intrinsèque au changement) introduit le côté humain dans la problématique, les peurs de l'inconnu, et la volonté de rester dans la routine de confort. Il est à noter que la partie gauche de l'équation est un produit (une multiplication), ce qui implique que, si une de ses composantes (A, V ou P) se trouvait nulle ou proche de zéro, la résistance R dominerait largement et toute tentative de changement serait vaine. C'est pourquoi, dans une démarche d'innovation telle que le Lean, il est primordial de bien identifier et quantifier le poids de chacune de ces composantes et résoudre cette équation. En vérité, il s'agit de s'assurer que le sens de l'inégalité est favorable au changement, surtout avant toute implémentation d'outils innovants en général et Lean en particulier. Dans le cas inverse, l'effet serait contraire à celui escompté.

4.4.7 Un manque d'analyse du marché

Contrairement au secteur de l'industrie manufacturière où la plupart des majors ont réussi à créer une croissance durable en adoptant les meilleures pratiques des concurrents, fruit d'une analyse de marché poussée, à grand renfort d'échanges d'informations, mais aussi d'espionnage amical, la veille concurrentielle est encore peu répandue dans le secteur de la construction. Elle est généralement limitée à des visites de courtoisie croisées entre anciens collègues, le haut niveau de *turnover* favorisant le brassage des hommes entre entreprises. Le faible niveau de veille s'explique principalement par le manque de confiance en général, par la crainte de perdre un avantage concurrentiel, et aussi très largement par le fait que des pratiques généralisées dans le secteur manufacturier peuvent mettre des décennies avant d'être adoptées par le secteur de la construction. On retrouve cet anachronisme entre usine manufacturière et chantier de construction dans de très nombreuses avancées, comme la mise en place de conditions idoines de sécurité collectives et personnelles, l'application des normes qualité 9001 et environnementales 14001, dans l'utilisation d'outils technologiques tels que les ordinateurs et logiciels…

Cette culture du partage d'informations et d'expériences (au risque de révéler certains secrets de fabrication, mais aussi avec la chance d'en récupérer d'autres chez le concurrent), d'amélioration collective et de saine veille concurrentielle est un des piliers du Lean Construction. Depuis 1992, une grande conférence annuelle, l'International Group for Lean Construction (IGLC), se tient dans une université réputée, avec pour but le partage de connaissances et d'expériences. Cette conférence a vu le nombre des présentations croître de façon exponentielle depuis une dizaine d'années. L'édition 2012, à San Diego en Californie (États-Unis), s'est déroulée sur une semaine complète et a vu défiler pas moins d'une centaine d'universitaires et de professionnels venus partager autour du Lean Construction. Le succès de l'édition 2013, à Fortaleza au Brésil, a été encore plus grand puisque plus de 130 personnes ont défilé pour présenter leurs travaux. L'édition 2014 à Oslo, en Norvège, promet d'être le témoin de cette croissance constante.

« Ensemble pour partager et nous améliorer », tel est le moteur du Groupe Européen pour le Lean Construction (EGLC) qui, à l'image de l'IGLC, réunit chaque année des universitaires et des professionnels européens pour parler recherches, expériences et innovations. L'édition 2013, à Valence (Espagne), a réuni de nombreux participants autour d'un thème commun : s'améliorer continuellement comme Toyota le fait depuis plus de 60 ans.

4.4.8 Des crises

Le secteur de la construction a été très réfractaire au changement, jusqu'à ce que des événements majeurs l'y forcent. Ce sont d'abord, malheureusement, les grandes catastrophes qui font évoluer les réglementations et, par effet ricochet, les entreprises. Aux États-Unis, des changements drastiques ont été opérés dans les normes d'ingénierie après l'effondrement d'une partie de la structure de l'hôtel Hyatt Regency à Kansas City en 1981 ; l'ouragan Hugo, qui a causé de très importants dommages en Caroline du Sud notamment en 1989, a été à l'origine d'évolutions importantes dans les normes constructives et procédures de contrôle ; l'ouragan Andrew en 1992, en dévastant la quasi-totalité de Dade County en Floride, a achevé la remise à plat de l'ensemble des normes constructives et des procédures de contrôle pour les renforcer considérablement.

Comme nous l'avons vu, le secteur de la construction est largement fragmenté, autant verticalement qu'horizontalement, ce qui ne favorise ni ne facilite la promotion de l'innovation à l'extérieur des silos. La crise financière qui nous touche actuellement, et qui est vraisemblablement bien installée, aura peut-être, du moins peut-on en formuler l'espoir, un effet d'artefact de stimulation auprès des entreprises qui trouveront le moment opportun pour lancer des innovations. Il est par ailleurs certain que celles qui n'auront pas, au minimum, initié un changement ne pourront que très difficilement traverser cette crise, d'autant plus qu'elle durera longtemps. Tous les économistes le savent, c'est dans les temps de crises que les futurs leaders d'industrie se dessinent. Une entreprise qui saisit l'opportunité d'une relative accalmie dans son volume d'activité, de taux d'emprunts historiquement bas, de crédits d'impôt recherche, du rachat d'autres entreprises mises en faillite, et qui, surtout, prend le temps, en attendant le retour de l'euphorie, de repenser ses opérations, cette entreprise, quand l'activité repartira, aura toutes les armes pour devancer durablement tous ses concurrents et asseoir sa position durablement. Le Lean, par son aspect encore très innovant et peu répandu dans la construction en France, est un atout de taille pour toute entreprise qui souhaiterait passer la crise en se renforçant et en développant de nouveaux outils. Cette entreprise sera alors prête pour relever les défis nombreux d'après crise et faire la course en tête, laissant tous les autres petits copains (concurrents) au bord de la route. Le Lean est donc un enjeu primordial pour traverser la crise et surtout anticiper la reprise économique.

4.4.9 Une pénurie de main-d'œuvre qualifiée

Le secteur de la construction connaît une importante pénurie de main-d'œuvre qualifiée ; les filières courtes dites professionnalisantes (du CAP au DUT) peinent à attirer les jeunes générations. Comme la pyramide des âges le met en évidence, la génération du baby-boom est en plein départ pour la retraite. De nombreuses entreprises voient une part non négligeable de leur savoir partir avec ces jeunes retraités, sans souvent pouvoir assurer la continuité par manque de possibilité de recrutement. La crise limite pour le moment l'effet dramatique de cette conjoncture, mais, dès que des conditions de marché dynamiques seront retrouvées, il ne fait pas l'ombre d'un doute que cette pénurie aura des effets extrêmement impactants sur la gestion des ressources humaines de l'entreprise en particulier, et donc, comme nous l'avons vu, directement sur sa productivité en général. L'application de la démarche Lean, parce qu'elle permet de réduire sensiblement le stress de l'encadrement de chantier et de préserver les marges financières, en plus de procurer un avantage concurrentiel dans la recherche et le maintien de nouveaux clients, est un atout considérable pour attirer de l'extérieur et garder à l'intérieur les équipes de chantier. Donc, dans un environnement concurrentiel où les ressources humaines qualifiées sont rares, mieux vaut pouvoir user d'arguments différents de tous les autres, et avoir la capacité de montrer une vraie démarche de développement durable, de partage, de collaboration et d'amélioration continue. En un mot, Lean.

4.4.10 Des technologies impactantes

Malgré une stagnation de la productivité globale, voire une baisse pour certaines entreprises, le niveau de productivité au niveau de chaque tâche, prise isolément, a plutôt augmenté. L'amélioration des technologies (matériels et matériaux utilisés) explique en partie ce phénomène. La grande majorité des postes de travail ont dû ainsi être modifiés, s'adapter à l'arrivée de nouvelles technologies. Cette tendance s'est accélérée depuis les vingt dernières années. L'arrivée des méthodes de conception en 3, voire jusque 8 dimensions, comme actuellement en Californie, l'introduction des tablettes tactiles sur chantier pour suivre les avancements, consulter des fiches techniques, communiquer, confirment que l'on peut s'attendre à une accélération de cette évolution (révolution?). Ces avancées modifient les comportements sur le chantier, et soulèvent de nouveaux enjeux de formation et d'adaptation des hommes. L'introduction et l'intégration de nouvelles technologies peuvent être plus difficiles dans le secteur de la construction que dans les autres secteurs industriels, du fait des standards de qualité qui peuvent être très différents d'un corps de métier à un autre, de la grande fragmentation de l'industrie et de l'aversion au risque, le tout entraînant un climat peu propice à l'innovation. Le Lean Construction, en apportant des outils simples à appliquer et à utiliser au quotidien, pouvant être matérialisés sur du papier avec un crayon ou bien totalement intégrés à l'informatique de l'entreprise, assure une transition douce entre les chantiers traditionnels et les chantiers numériques. La même démarche est simplement appliquée avec des degrés différents d'automatisation. Les avancées technologiques, dans le cadre d'une entreprise Lean, ne sont plus un frein mais deviennent au contraire de véritables atouts pour suivre et verrouiller les gains de productivité dans le cadre de l'amélioration continue.

4.5 Mesures et productivités

La productivité globale est un ratio des intrants sur les extrants. Chaque ressource est donc factorisée dans ces deux états consécutivement. Suivre les fluctuations des différentes productivités à travers le projet est crucial pour en garantir sa productivité globale.

Sumanth (1984)[3] attire l'attention sur le danger de se focaliser sur une mesure de productivité partielle (ratio des extrants sur une seule classe d'intrants, comme la quantité de main-d'œuvre utilisée) car ces mesures, utilisées isolément comme c'est souvent le cas, n'expliquent que partiellement une amélioration ou une dégradation de la performance globale. Par conséquent, les leviers de contrôle managériaux, utilisés par la direction qui a commandé ces mesures, sont partiellement adaptés, aussi partiellement que l'est la mesure en elle-même. Les effets peuvent donc être à l'opposé des résultats attendus : le projet voit sa productivité chuter, jetant le blâme sur des personnes non responsables de la situation.

La productivité totale (PT) peut se définir comme :

$$PT = \frac{T(s) \text{ (total des ventes ou valeur de travail)}}{\text{Totaux coûts } (M_1 + M_2 + M_3 + M_4 + M_5 + M_6)}$$

où M_1 = coût de la main-d'œuvre

       M_2 = coût des matériaux

       M_3 = coût du matériel

       M_4 = coût du capital

       M_5 = coût de l'encadrement

       M_6 = coût de la technologie

Appelons P_i la productivité partielle d'un facteur M_i : $P_i = T(s) / M_i$.

Donc :

$$PT = \frac{1}{\dfrac{1}{P_1} + \dfrac{1}{P_2} + \dfrac{1}{P_3} + \dfrac{1}{P_4} + \dfrac{1}{P_5} + \dfrac{1}{P_6}}$$

Les facteurs ci-dessus sont exprimés en monnaie constante sur la période de référence pour le calcul des productivités partielles. Améliorer la productivité totale passe par l'amélioration des productivités partielles ; utiliser la loi de Pareto, rappelant que 80 % de la solution se trouve dans 20 % de l'équation, revient ici à identifier le facteur qui a l'impact le plus important et travailler dessus pour obtenir des résultats visibles rapidement.

L'index de productivité = extrants obtenus / intrants fournis

                       = performance réalisée / ressources consommées

                       = efficacité / efficience

Ainsi, la productivité est une combinaison de l'efficacité et de l'efficience. Améliorer la productivité passe donc par la réduction des intrants et/ou l'augmentation des extrants et/ou une augmentation des deux, à des rythmes différents maintenant un quotient supérieur à 1 (numérateur supérieur au dénominateur).

---

3. *Productivity engineering and management: Productivity measurement, evaluation, planning, and improvement in manufacturing and service organizations*, McGraw-Hill Éd., New York, États-Unis.

Gerald (1997)[4] a classé les sources d'amélioration de productivité en cinq catégories :

a. Réduction des coûts : $\dfrac{\text{extrants constants}}{\text{intrants réduits}}$

b. Croissance maîtrisée : $\dfrac{\text{extrants augmentés}}{\text{intrants augmentés (moins vite)}}$

c. Changement de processus : $\dfrac{\text{extrants augmentés}}{\text{intrants constants}}$

d. Cure d'austérité : $\dfrac{\text{extrants diminués}}{\text{intrants réduits (plus vite)}}$

e. Travail efficace : $\dfrac{\text{extrants augmentés}}{\text{intrants réduits}}$

Ces stratégies induisent la plupart du temps des conséquences inattendues. La réduction des coûts passe souvent par une réduction des dépenses de fonctionnement, de fonctions supports, de formation et de marketing comme l'a montré Forbes (2001)[5] ; la direction considérant dans ce cas la main-d'œuvre uniquement comme une dépense directe. À moins que les coûts des différentes composantes aient bien été identifiés et priorisés en fonction des objectifs stratégiques de l'entreprise, la réduction des coûts comme source principale de productivité entraîne une démarche de *« Cost Killing »* ou coupe aveugle et massive dans les dépenses, inadéquate dans une stratégie de croissance durable.

Une gestion de la croissance (durable) implique un investissement initial générant un retour plus important que son coût : capital, nouvelle technologie, refonte des processus, formation et/ou restructuration d'entreprise. L'amélioration de la productivité peut également être trouvée par une réduction des coûts des intrants par une refonte de l'outil de production et des processus internes à l'entreprise, à l'opposé d'une stratégie d'austérité.

L'augmentation de productivité implique enfin un haut niveau de motivation et d'adhésion de la part de l'ensemble des équipes de l'entreprise, un résultat durable ne passera que par un effort collectif et collaboratif, faisant « plus avec moins ». Produire « simplement » plus peut se faire au détriment de l'entreprise si elle ne parvient pas à maintenir le niveau de qualité demandé. Crosby (1979)[6] a montré le coût très important de ne pas faire correctement la première fois.

Alors que la plupart des entreprises se sont dotées de systèmes (plus ou moins évolués) de mesure de la performance financière, encore peu d'entreprises ont mis en place un système de mesure de la productivité et de ses différents facteurs. Dans le secteur de la construction, la productivité de la main-d'œuvre représente une part importante de la productivité totale, par le biais des coûts en jeu.

La main-d'œuvre représente environ 40 % des coûts totaux d'un chantier, voire plus dans le cas de petits chantiers, et 40 à 60 % du temps passé sur chantier est gaspillé (n'apporte aucune valeur ajoutée).

---

4. *The Improvement Guide: A Practical Approach to Enhancing Organizational Performance*, Jossey-Bass Éd., San Francisco, Californie, États-Unis.
5. *Project Performance Best Practices – Applicability of U.S. Standards in Caribbean Basin Developing Countries*, présenté à la *"3rd International Conference on Construction Project Management"*.
6. *Quality Is Free: The Art of Making Quality Certain*, Signet Books Éd.

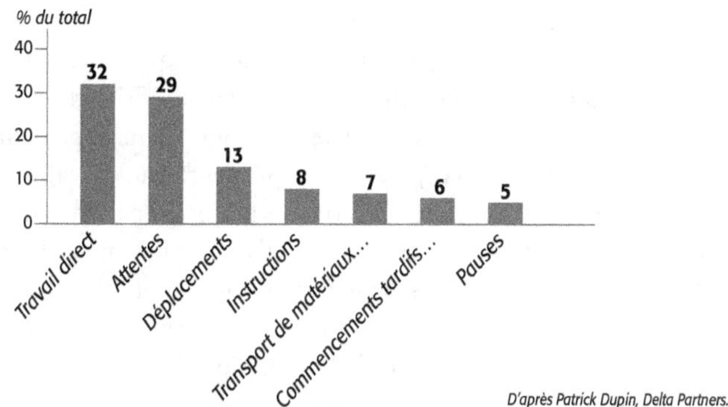

Figure 4.2 Décomposition d'une journée typique de travail sur chantier (% du total).

La mesure de la productivité de la main-d'œuvre et la mise en place de nouveaux systèmes fluidifiant ses activités s'avèrent donc les leviers de productivité partielle les plus importants pour améliorer la productivité totale. L'action sur le levier de la productivité de la main-d'œuvre passe par l'établissement d'une vision claire par la direction. La direction doit être impliquée dans la recherche de l'excellence opérationnelle, soutenue par la mise en place d'une culture d'amélioration continue et une gestion par les faits objectifs et quantifiables. C'est là toute la nécessité d'avoir la capacité de mesurer finement le plus grand nombre de facteurs possible. Ceci doit faire partie intégrante de la stratégie annoncée par la direction, de sa mission et de sa charte de valeurs. Dans ce contexte, les mesures de productivité alimenteront en faits objectifs quantifiés pour effectuer des changements tactiques, par tel ou tel levier ; action maîtrisée, avec des résultats attendus quantifiés, pour verrouiller le nouveau niveau de performance.

Pour maximiser les chances de résultats, la direction ne doit pas hésiter à communiquer à destination de l'ensemble de l'entreprise sur la vision, les missions et valeurs, de sorte que la démarche d'amélioration continue se fonde dans chaque activité, que ce soit au bureau ou sur chantier.

Mesurer et suivre régulièrement la productivité est un des fondamentaux du Lean Construction, en tant que démarche scientifique dans laquelle la mesure de l'effet d'un paramètre dans le système est essentielle pour garantir la pérennité de ce dernier : sécuriser les gains et améliorer ce qui peut l'être.

4.6   Management par la Valeur Acquise

Le Management par la Valeur Acquise (ou EVMS en anglais) est une méthode de mesure de l'avancement des travaux, et donc lié à la productivité de manière objective. Au contraire de la vaste majorité des méthodes de mesure d'avancement qui prennent en compte des facteurs quantitatifs (m^3 de béton coulé, m^2 de dalles coffrées, mètres linéaires de cloisons posées…) ou financiers (% du budget total dépensé, reste à dépenser…), la valeur acquise combine les mesures des travaux réalisés, de la tenue du planning et des coûts, dans un seul et même système intégré. Bien appliqué, le management par la valeur acquise permet la détection de problèmes très en amont du processus de construction, et laisse ainsi suffisamment de temps pour réagir et mettre en place les actions correctives. De plus, le management par la valeur acquise permet une meilleure définition et prise en compte des travaux à réaliser, une meilleure communication et un meilleur partage des objectifs du projet et, par corollaire, le maintien d'un haut niveau de motivation de l'équipe projet dans l'accomplissement de ces objectifs. Le management par la valeur acquise utilise les « Heures Hommes » ou « Euros » pour comparer une activité donnée à une autre, et peut être appliqué pour déterminer le pourcentage d'achèvement de chaque activité. La multiplication de l'estimation des achèvements pour chaque activité par son budget prévisionnel donne la valeur acquise.

% achevé = valeur acquise (en heure ou en euros) / budget (en heure ou en euros).

Dans le cadre d'un système de management par la valeur acquise, il convient de distinguer trois éléments fondamentaux :

1. un planning identifiant clairement les travaux à réaliser ;

2. une estimation financière des travaux à réaliser, la valeur planifiée (PV, pour *Planned Value*) ou alternativement l'estimation financière du coût des travaux planifiés (BCWS, pour *Budgeted Cost of Work Scheduled*) ;

3. des règles prédéfinies de gains (ou métriques) pour quantifier l'accomplissement des travaux, c'est la Valeur Acquise (EV, pour *Earned Value*) ou alternativement le coût budgété des travaux réalisé (BCWP, pour *Budgeted Cost of Work Performed*).

L'application du management par la valeur acquise dans les chantiers très vastes et très complexes se fait en introduisant des caractéristiques supplémentaires, comme des indicateurs spécifiques et des prévisions de performance des coûts et du planning. Le niveau « basique » de management par la valeur acquise est applicable à la vaste majorité des projets, quel que soit leur domaine (bâtiment, TP, tertiaire, industriel), en s'appuyant sur les deux notions fondamentales de PV et d'EV.

Ainsi :

1. La valeur planifiée, PV (ou BCWS), est la somme des coûts budgétés pour l'ensemble des travaux planifiés et à réaliser à la date retenue pour le calcul. Cette date peut être le jour même, ou bien dans le cadre d'un rapport d'avancement, ou bien dans le futur dans le cadre d'une prévision.

2. La valeur acquise, EV (ou BCWP), correspond au total des coûts budgétés d'une activité considérée réalisée à la date retenue pour le calcul. Cette date peut être le jour même, ou bien dans le cadre d'un rapport d'avancement, ou bien dans le futur dans le cadre d'une prévision.

3. Le coût réel, AC (ou ACWP), est le coût réel dépensé pour l'ensemble des activités réalisées (toutes les dépenses de main-d'œuvre, de matériaux, de matériels, les coûts directs, les déboursés secs…) à la date retenue pour le calcul. Cette date peut être le jour même, ou bien dans le cadre d'un rapport d'avancement, ou bien dans le futur dans le cadre d'une prévision.

4. Le budget à achèvement des travaux, BAC, est le budget initial des travaux.

L'écart de coûts, CV, est la différence entre le coût réel et le budget associé (ou coût estimé) :

$$CV = EV - AC = BCWP - ACWP$$

L'écart de planning financier, SV, correspond à la moindre déviation avec le planning référence (initial), et se mesure par la différence entre le coût budgété des travaux prévus avec le coût budgété des travaux réellement réalisés :

$$SV = EV - PV = BCWP - BCWS$$

L'index de performance des coûts, CPI, est la mesure de l'efficacité des coûts engendrés sur un projet par le ratio entre la valeur acquise (EV) et le coût réel des travaux réalisés (AC) :

$$CPI = EV / AC = BCWP / ACWP$$

L'index de performance du planning travaux est le ratio entre la valeur acquise (EV) et la valeur planifiée (PV). Une valeur d'index supérieure à 1,0 signifie que le projet est en avance et donc une valeur inférieure à 1,0 signifie un retard.

Il apparaît clairement que, plus la mesure sera fine, plus l'amélioration de la productivité pourra être suivie, maîtrisée et sécurisée. Dans ce contexte, les mesures viennent en support des initiatives pour améliorer la performance, et spécialement celles provenant de la mise en place d'outils issus de la démarche Lean Construction. C'est là un challenge important que les entreprises de construction doivent relever pour adopter ce paradigme. Les outils de gestion traditionnelle de projets de construction ne s'intéressent que peu à cette problématique de productivité en tant que telle, constatant après coup les dépassements de délais et de budgets. Forbes et Golomski (2001)[7] ont observé que la plus grande majorité des entreprises de construction mesurent la performance en termes de réception des travaux dans le budget, dans le planning et dans le respect des normes. Ceci pose un problème majeur car un planning, tout comme un budget, est généralement modifié et révisé ; la notion de tenue du planning (lequel ? l'initial ou le recalé révision G) n'ayant plus de pertinence, sauf à expliquer les problèmes rencontrés après coup, pour dédouaner les responsabilités. Il en va de même avec le respect des normes et règles de l'art ; qui procurent la qualité mini-minimale à laquelle un client peut s'attendre. Mais un client peut-il s'attendre à recevoir une qualité « tout juste suffisante » pour un ouvrage qu'il va peut-être utiliser un demi-siècle ? La satisfaction du client n'est que très rarement mesurée et prise en compte. En même temps, les contrats des entreprises sont le plus souvent attribués dans un contexte de moins-disant ; l'attribution récompense celui qui aura proposé le prix le moins élevé et qui n'aura, très souvent, plus comme ultime possibilité d'honorer son contrat que de sous-traiter à outrance. L'entreprise adjudicataire est rassurée par un cadre contractuel à nouveau favorable, le problème de réalisation s'étant déplacé vers le dernier sous-rang de sous-traitance, qui ne pourra procurer que la qualité tout juste suffisante. Ces conditions de marché ne favorisent pas la recherche de performances et encore moins leur mesure, et deviennent donc la seule alternative dans un schéma récurrent.

---

7. "Prescribing a Contemporary. Approach to Construction Quality Improvement", *Best On Quality*, vol. 12, n° 2, ASQ Press.

Toutes les parties prenantes (maître d'ouvrage, maître d'œuvre et entreprises) trouveraient un réel avantage à établir des programmes d'amélioration des standards de performance qui, petit à petit, au fil des chantiers, s'appuieraient sur la connaissance acquise par l'introduction de nouvelles méthodes et de nouveaux outils venus du Lean Construction. Dans le dessein d'améliorer l'organisation, le management doit nommer une ou plusieurs personnes formées et dédiées à l'application des nouvelles techniques d'amélioration de la productivité. Ces personnes pourront ensuite elles-mêmes former les autres, la recherche de la performance faisant tache d'huile et les initiatives boule de neige. L'embauche de personnel venu de l'industrie manufacturière est un bon moyen pour une entreprise de se doter d'éléments ayant une vision d'excellence opérationnelle affûtée, non encore façonnée aux travers de la construction et qui, par leur simple présence et analyse, peuvent apporter beaucoup en matière de remise en question et identification des axes d'amélioration les plus importants et/ou source de résultats les plus rapides.

Ces « sponsors » doivent être placés sous l'autorité directe de la direction générale, être formés aux techniques et processus de construction (par une première phase d'immersion en chantier) et être versés dans l'application des techniques industrielles comme graphiques de Pareto, diagrammes des causes et effets (*fishbone*), échantillonnage, histogrammes et stratification (OBS/WBS). Ils doivent également avoir l'expérience de la facilitation (avoir déjà agi comme facilitateur ou médiateur), de la gestion du travail en équipe, et savoir assister les ouvriers dans l'identification des approches d'amélioration les plus appropriées à chaque équipe ou chantier. La direction générale doit ensuite donner du poids à ces sponsors, qui ne doivent pas être relégués au rang d'une énième fonction support, en développant et en conduisant des programmes internes pour infuser la préoccupation de productivité et de qualité à tous les étages de la hiérarchie, de l'ouvrier au directeur travaux. Le suivi des indicateurs de productivité et de qualité doit devenir partie intégrante des procédures opérationnelles de l'entreprise, au même titre que les rapports réguliers d'état d'avancement et état financier des projets. Ces efforts ne réussiront que si la direction exprime clairement l'importance de la productivité et, encore plus clairement, l'importance de l'utilisation des outils de mesure pour améliorer continuellement l'efficacité et l'efficience des procédures et des activités. Cela étant, il est bon à ce point de se rappeler les mots d'Albert Einstein :

« Ce qui compte ne peut pas toujours être compté, et ce qui peut être compté ne compte pas forcément. »

Il n'en reste pas moins que, qu'elle soit quantitative ou qualitative, la mesure de la productivité est vitale pour la profitabilité d'une entreprise de construction. La tâche centrale, mais également la plus hardie pour y parvenir, est la systématisation de la collecte des données (mesures) des différentes équipes ou ouvriers qui réalisent les mêmes tâches, autant dans le même secteur que dans des secteurs différents. Cet exercice sert à remettre en question les acquis de productivité et à alimenter la roue de l'amélioration continue. Des mesures doivent être opérées sur chaque chantier et confrontées aux niveaux références établis dans la société. Le management doit opérer une veille technologique et concurrentielle, et chercher en permanence à adapter et motiver les équipes aux meilleurs systèmes observés.

Comme cela a pu être constaté dans l'industrie manufacturière, le rôle du management et de la direction de chaque partie prenante de l'acte de bâtir est fondamental dans la mise en place d'une démarche d'amélioration continue, et à fortiori d'une démarche Lean Construction. En appuyant fortement le concept de performance et d'amélioration et en fournissant les fonds financiers et humains nécessaires à cette ambition, ils en garantiront le succès.

CHAPITRE 5

Le Lean Construction, pour qui?

5.1 Maîtres d'ouvrage : IPD

Les maîtres d'ouvrage publics et privés sont certainement les parties prenantes les plus importantes dans le succès du changement du paradigme actuel. Même s'il reste vrai que, dans tous les pays au monde où le Lean a pu essaimer et se développer durablement, les premières initiatives Lean sont initiées par les entreprises, il n'en reste pas moins que, dans un contexte contractuel de plus en plus fourni et des conditions de marché de plus en plus tendues, la promotion par les « donneurs d'ordres » du Lean Construction est gage de pérennité du changement. Les maîtres d'ouvrage peuvent en effet pleinement bénéficier de l'application du Lean dans leurs opérations, que ce soit dans la phase de conception, de réalisation ou de construction, par l'augmentation substantielle de la part de valeur ajoutée générée par leur opération. L'application de méthodes collaboratives de conception et réalisation, comme l'*Integrated Project Delivery* (Livraison de Projet Intégrée), par un processus de consultations avancé, permet une définition fine de l'ouvrage, très en amont du projet, en lien avec les capacités technologiques, techniques et constructives des entreprises devant exécuter les travaux.

Dans le système « classique », l'architecte est appointé par le maître d'ouvrage dès l'initiation du projet, pour développer l'esquisse du projet et transposer les besoins du client en ouvrage tangible. Une fois l'esquisse du projet réalisée, les bureaux d'études techniques (structure, fluide, thermique, acoustique…) rejoignent l'équipe projet pour insérer leurs contraintes dans la réflexion et continuer le travail de définition de l'ouvrage. Le projet se définit, l'échelle des plans architecte/BET se réduit, de nombreux allers et retours d'informations sont nécessaires dans ce processus de passage du stade Avant-projet sommaire (APS) à Avant-projet détaillé (APD). Pour peu que le maître d'ouvrage, l'architecte et les BET n'exercent pas dans la même région géographique, cet exercice s'avère particulièrement long et laborieux. La difficulté de communiquer efficacement se fait alors cruellement sentir. Le niveau de compréhension (ou de détail) du projet s'élève lentement mais reste bas. Une fois le dossier APD constitué, un bureau spécialisé peut être alors chargé de récolter l'ensemble de ces informations pour monter le DCE, dossier de consultation des entreprises. Une présynthèse est alors réalisée afin de prendre en compte les contraintes techniques. Le dossier est envoyé aux entreprises qui répondent en réalisant une synthèse plus poussée, chacune vérifiant également les quantités et les erreurs potentielles… Leur retour, par l'analyse qu'elles ont fournie, permet de lever nombre de problèmes et d'augmenter encore le niveau de compréhension (détail) du projet. Les plans d'exécution des entreprises sont alors réalisés sur la base des éléments fournis par le DCE, amendés en fonction du savoir-faire de l'entreprise. Malgré tous ces efforts, Ann Edminster, architecte reconnue et spécialiste de la livraison de projet intégrée (IPD), estime que seulement un tiers du projet total a été défini lorsque les travaux commencent. Bien des plans, détails, choix, validations sont laissés «à plus tard», en mode «procrastination». En effet, des urgences à traiter sont déjà apparues, facilitées par la complexité et les nombreuses pertes d'informations du processus. En conséquence, alors même que le chantier a commencé et que le «réel» rattrape le «virtuel», l'équipe projet doit déployer une énergie incommensurable pour solder les points critiques apparaissant au fur et à mesure de l'exécution (ou tentative d'exécution). Le «virtuel», l'établissement des plans et documents de chantier alimente le «réel», l'avancement de la construction. Le virtuel peut se modifier à moindre frais tant que le réel ne l'a pas rattrapé. Rapidement, les plans doivent être suffisamment détaillés pour être immédiatement exploitables par le chantier. Cette définition du deuxième tiers du projet global doit s'effectuer à la hâte, dans un temps très limité, surtout au regard du temps pris par le tiers précédent. C'est à ce moment que les relations se détériorent entre toutes les parties prenantes du projet, les unes rejetant la responsabilité des erreurs de conception et du retard du chantier sur les autres, et *vice versa*. Plus ou moins profonde et lourde de conséquences, cette crise qui intervient généralement à mi-fin du gros œuvre finit d'asseoir chaque partie prenante dans son camp, préparant sa riposte contractuelle au lieu de se consacrer à la résolution des problèmes. Ann Edminster soutient que, lorsque le chantier est terminé, le niveau de compréhension (détail) de l'ouvrage n'a pas atteint 100 %, cette valeur n'étant réellement atteinte qu'après la période de parfait achèvement et donc avec les première utilisations de l'ouvrage et modifications post-réception.

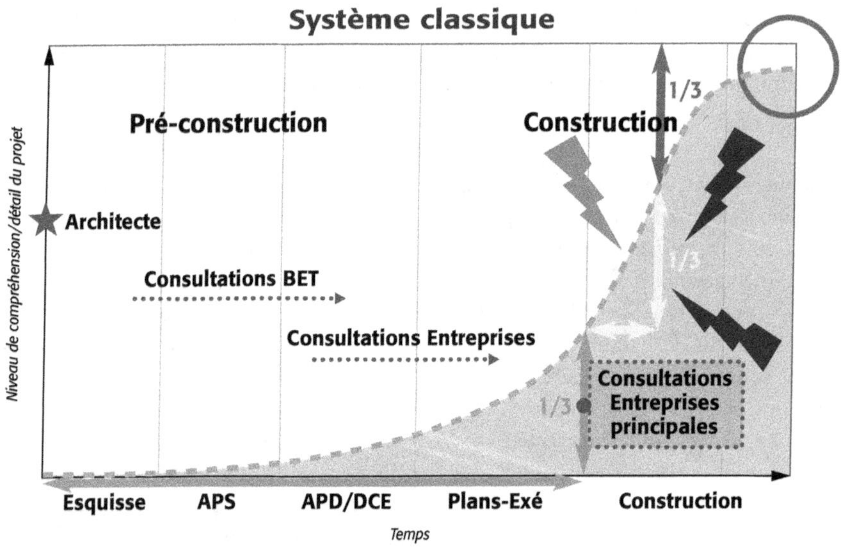

Figure 5.1 Évolution du niveau de compréhension d'un projet de construction dans l'approche traditionnelle de livraison.

Ce travail de définition de l'ouvrage pour alimenter le flux de production sur chantier, rendu nécessaire dans le schéma classique, est source de tensions ; il est chronophage et empêche une productivité optimale, autant en phase de conception qu'en exécution.

L'application d'une démarche type IPD, visant à avancer la constitution de toute l'équipe projet dès la première phase, peut être décidée par le maître d'ouvrage dès l'initiation du projet. Changer l'équation, c'est obtenir un résultat différent. Changer l'équation avec des paramètres connus, c'est obtenir le résultat voulu.

L'*Integrated Project Delivery* (IPD) ou livraison de projet intégrée est une méthode de gestion de projet qui intègre les parties prenantes et leurs structures, les systèmes de gestion et les meilleures pratiques, dans une seule et même démarche collaborative pour tirer parti des forces et idées de chacune de ces parties prenantes afin d'optimiser le résultat final. L'IPD peut être vue comme un facilitateur de coordination entre les processus de conception et ceux de construction ; elle maximise la valeur créée pour le maître d'ouvrage en éliminant les gaspillages et en améliorant l'efficacité à travers toutes les phases, depuis la conception jusqu'à la réalisation.

Les principes constituant l'IPD sont flexibles et peuvent être appliqués à une grande variété de projets, quels qu'en soient leurs cadres contractuels. L'équipe IPD est formée dès l'initiation du projet par le maître d'ouvrage, l'architecte et l'entreprise générale (ou la somme des entreprises), et peut être étendue à d'autres acteurs de la conception ou de la réalisation, en fonction des besoins et des contraintes du projet. C'est principalement le très haut niveau de collaboration entre ces trois parties qui distingue la démarche IPD d'un schéma plus classique ; mis en place dès l'initiation du projet, il se développera tout au long de celui-ci jusqu'à la réception de l'ouvrage.

Structurée de manière efficace, une collaboration basée sur la confiance encourage chaque partie à se concentrer sur le résultat final du projet dans son ensemble, plutôt qu'à poursuivre des objectifs individuels. Les interactions entre parties prenantes ne sont plus basées uniquement sur le transfert de risque, mais sur un partage du risque et des récompenses. Sur un projet de construction réalisé dans une démarche classique, les parties prenantes développent généralement leurs relations dans un schéma antagoniste et égoïste. Par effet boomerang, elles mettent en danger leur propre productivité, jusqu'à autolimiter l'efficacité globale du projet.

L'approche IPD, par le partage des informations et des idées, permet des gains substantiels tout au long du projet, pour chaque partie prenante. Sans cette transparence, chaque partie doit inclure des marges cachées et des clauses contractuelles pour se protéger des risques et incertitudes du projet. Il est à noter qu'avec l'utilisation du BIM (voir item suivant) les problèmes peuvent être encore mieux identifiés, encore plus facilement et encore plus tôt.

Dans une démarche type IPD, l'entreprise générale est appointée en même temps que l'architecte, formant un tandem efficace en vue de garantir un haut niveau de constructibilité et maintenir le coût final du projet dans l'enveloppe initiale, voire en dessous. La première étape pour ce tandem est de valider le projet du maître d'ouvrage, l'architecte pouvant d'autant mieux ajuster son geste que l'entreprise générale veille à l'aspect constructif. Cette phase préliminaire d'intenses discussions liées à la rencontre dès le début du projet du monde de la conception avec celui de la réalisation permet l'identification et la résolution des contraintes et problèmes en lien avec les besoins du client, dans un mode d'itérations rapides. Ce faisant, le niveau de compréhension globale du projet croît rapidement dès cette première phase de validation de l'ouvrage. Une fois l'ouvrage validé, le concept est réalisé, souvent en trois dimensions, en y insérant les contraintes constructives principales. L'équipe projet travaille avec d'autant plus de facilité que le discours est commun, chacune des parties ayant participé à l'élaboration de l'ouvrage. La phase de « design » suit celle de « concept », les détails vont être confirmés. Les difficultés les plus importantes de synthèse technique et de contraintes constructives ayant déjà été vues dans les phases précédentes, la phase de concept vient confirmer les choix et finir de produire les plans en trois dimensions. Les phases de validation, de concept et de design constituent la pré-construction. L'équipe projet dispose alors de plans en trois dimensions, reflets des négociations et définitions précédentes entre le maître d'ouvrage, l'architecte et l'entreprise générale ; les documents nécessaires à la construction peuvent donc être compilés, c'est la phase d'implémentation. L'entreprise a eu toute latitude, depuis la phase de validation en début de projet, de dimensionner les ressources à allouer au projet, de préparer la logistique avec ses fournisseurs et de lancer les consultations des sous-traitants, de sorte qu'ils prennent également part au projet le plus en amont possible. La construction de l'ouvrage peut alors véritablement s'accélérer, chaque partie prenante pouvant se concentrer sur sa valeur ajoutée sans polluer celle des autres.

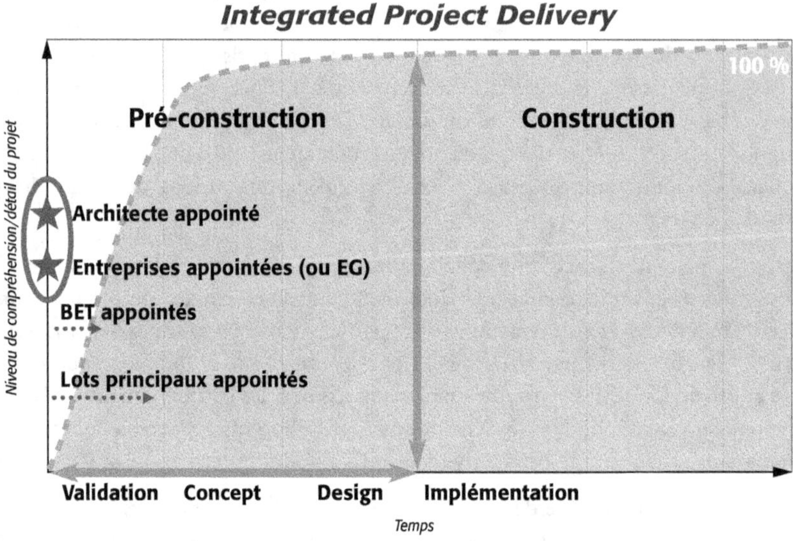

D'après Patrick Dupin, Delta Partners ; adapté de Ann Edminster & Will Lichtig.

Figure 5.2 Évolution du niveau de compréhension d'un projet de construction dans l'approche de livraison intégrée (IPD).

Cette méthode IPD a prouvé son efficacité sur de nombreux chantiers privés et publics aux États-Unis où elle est largement utilisée, dont le plus emblématique est le Cathedral Hill Hospital pour Sutter Health à San Francisco, Californie : chantier de plus d'un milliard de dollars pour la construction d'un hôpital de 555 lits, terminé avant la date et le budget prévus. L'IPD est également utilisée dans les pays scandinaves depuis le milieu des années 2000 (immobiliers du ministère de la Défense en Norvège et du Sénat en Finlande par exemple), et les premiers chantiers IPD ont récemment vu le jour en Allemagne (chantiers tertiaires Hochtief).

Tableau 5.1 Comparaison entre les deux approches, traditionnelle et IPD.

Approche traditionnelle		IPD
Fragmentées en silos, composées sur la base du «juste nécessaire» ou «minimum nécessaire», fortement hiérarchisées dans un schéma «commande/contrôle»	**Équipes**	Équipe intégrée entièrement composée des parties prenantes clés de la bonne réalisation de l'ouvrage, composée dès l'initiation du projet, dans un schéma de discussions ouvertes et de résolution des problèmes collaboratif et itératif
Linéaire, distinct, informations et compréhension collectées «juste ce qu'il faut» et thésaurisées, création de silos d'informations et d'expertises.	**Processus**	Plusieurs niveaux concourants; apport de connaissances et d'expertises très tôt, informations ouvertement partagées, respect et confiance de la part de chacune des parties prenantes
Individuelle, minimisation de l'effort pour maximiser le profit individuel	**Rémunération/ implication**	Le succès de l'équipe est lié au succès du projet; basé sur la création de valeur
Géré individuellement, transféré le plus possible aux autres parties du projet par la préparation de dossiers de recours (*claims*) dans une démarche «parapluies ouverts»	**Risque**	Géré collectivement, partagé de manière équitable
Essentiellement papier, deux dimensions, analogique	**Communication et technologie**	Digital, maquette numérique, application du BIM
Travail unilatéral, pas (ou peu) de partage dans la résolution des problèmes	**Compromis - accords**	Collaboration et partage des problèmes multilatéraux favorisés, encouragés pour augmenter l'efficacité de l'équipe dans son ensemble.

D'après *"A Guide"*, *Launch of Integrated Project Delivery*, AIA California Council, États-Unis, 2007.

Dans le cas d'un projet mené en IPD, le coût final du projet est en général en dessous du marché, en dessous du budget du client et livré plus tôt que prévu ; la conception étant dans ce cas un processus itératif et participatif pour garantir le plus haut niveau de constructibilité possible.

La réalisation des plans en trois dimensions, comme une maquette numérique, est devenue la norme aux États-Unis, imposée par les maîtres d'ouvrage public dans le cadre des règlements de consultation depuis 2008. Les maîtres d'ouvrage ont donc un rôle central à jouer, dès l'initiation du projet, pour qu'il sorte du cadre habituel et aboutisse à un résultat différent.

Atteindre les bénéfices permis par cette nouvelle approche demande de changer d'état d'esprit et d'accepter de suivre les principes suivants :

* Respect et confiance mutuels

    Dans la mesure où le maître d'ouvrage, l'architecte, les bureaux d'études techniques, l'entreprise générale, ses sous-traitants et fournisseurs dépendent de la collaboration et du travail en équipe pour leur productivité dans l'intérêt du projet, tous doivent travailler dans le plus grand respect et dans la plus grande confiance possible.

- Bénéfice mutuel

  Le cadre contractuel de paiement des honoraires (architectes, BET, consultants…) et des situations de travaux (entreprise générale) doit prendre en compte et récompenser un engagement précoce dans la recherche d'efficacité pour le projet dans sa totalité. Le maître d'ouvrage doit prévoir un système de bonus pour un comportement et des solutions trouvées sur la base de «qu'est-ce qui est le mieux pour le PROJET», par opposition au classique «qu'est-ce qui est le mieux pour moi».

- Innovation collaborative

  L'innovation et la prise de décision collaborative sont possibles quand les idées sont échangées librement entre tous les participants de l'acte de bâtir. Dans un projet intégré, une idée ou une proposition doit être jugée sur son mérite/impact dans le dessein de créer de la valeur pour le projet, et non en fonction de celui ou celle qui en est à l'origine.

- Implication précoce des parties prenantes

  Les parties prenantes principales doivent être engagées et impliquées dès que possible pour améliorer le processus de prise de décision. Leurs connaissances, compétences et savoir-faire très variés et complémentaires pourront avoir un impact d'autant plus grand, non seulement sur l'efficacité du projet pour le maître d'ouvrage, mais aussi sur la productivité de la réalisation pour les autres parties prenantes, qu'elles auront été appointées tôt.

- Définition précoce des objectifs

  Les objectifs du projet doivent être développés et définis tôt, pour être acceptés et respectés tout au long du projet par tous les participants.

- Encore plus de planification

  Une attention particulière à la planification permet d'augmenter la productivité en réduisant les gaspillages tout en réduisant les temps unitaires d'exécution.

- Communication ouverte et franche

  La performance de l'équipe repose en grande partie sur l'efficacité de la communication. Celle-ci doit être ouverte, directe et honnête entre tous les participants au projet. Ne plus pointer du doigt le voisin pour le désigner comme responsable de la situation (et, de fait, se dédouaner ou éluder la sienne) permet une identification et une résolution rapides des problèmes. Se concentrer sur la solution plutôt que chercher les responsabilités.

- Technologie idoine

  La technologie à utiliser doit être précisée dès le début du projet. Il importe de maximiser les fonctionnalités à développer et trouver les interdépendances et passerelles avec les systèmes déjà utilisés, pour garantir une totale et complète compatibilité. Des échanges ouverts dans la base de données, ainsi qu'une structure transparente, sont essentiels pour faciliter la communication et donc la performance.

- Organisation et leadership

  L'équipe projet est une organisation par elle-même, dans laquelle chaque participant est engagé à poursuivre l'objectif du projet, dans ses valeurs et pendant toute sa durée. La direction du projet doit être confiée aux membres les plus capables, quitte à créer une direction de projet multipartite ou multiculturelle. Ici encore, les ego et objectifs individuels doivent être mis de côté; la récompense individuelle étant la conséquence de la réussite du projet. Les rôles de chacun doivent être bien définis dès le début, faire consensus et être acceptés de tous, de façon à éviter la création de barrières artificielles, qui viendraient inhiber la communication et la prise de risque.

Patrick MacLeamy, architecte et directeur général de The HOK Group, a analysé les deux systèmes (traditionnel et IPD) dans les différentes étapes et en a déduit une courbe qui porte aujourd'hui son nom, la *« MacLeamy Curve »*. Ce schéma explicite l'impact direct d'un effort élevé dès le début de l'opération : grande capacité à maîtriser les coûts car le changement est (encore) peu onéreux. À mesure que le projet évolue, le coût du changement s'élève rapidement, alors que la capacité à contrôler le budget a déjà fortement diminué. La pertinence du schéma IPD s'illustre parfaitement ici, expliquant par corollaire les dérapages fréquents de budgets constatés dans la construction par manque d'efforts dans les premières phases du projet. Déplacer la courbe d'efforts vers la gauche, c'est sortir du schéma basé sur la procrastination, adapter le projet et faire la plupart des changements dès le début à moindre coût et donc maximiser la valeur créée pour le client.

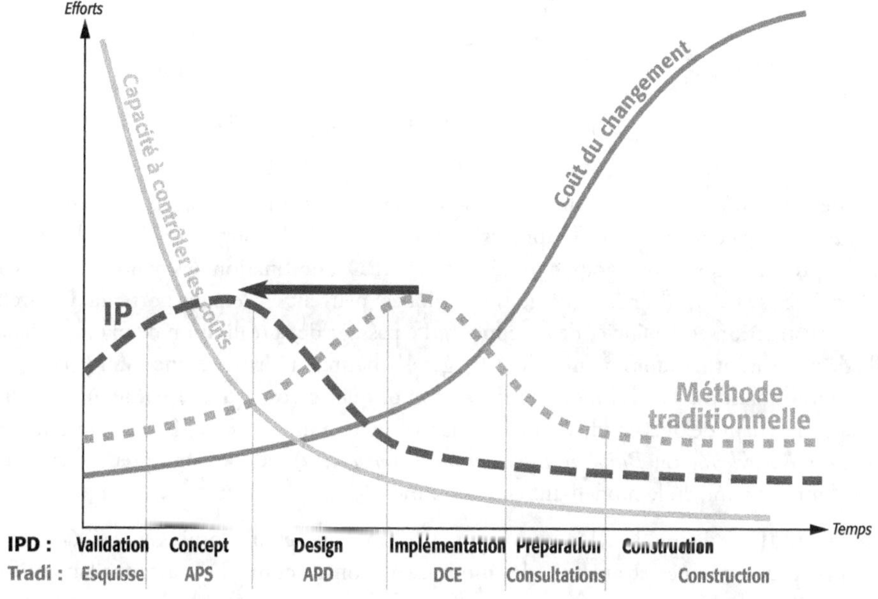

D'après Patrick Dupin, Delta Partners ; adapté de la « MacLeamy Curve », 2004.

Figure 5.3 Courbe de MacLeamy, évolutions des capacités à contrôler les coûts et coût du changement dans l'approche traditionnelle et IPD.

5.2 Architectes – Bureaux d'études techniques : BIM

« L'architecture est au cœur du conflit entre le concret et l'abstrait », rappelait Tadao Andō, célèbre architecte japonais (1987)[1]. Il faut se doter d'une passerelle assurant le passage de l'abstrait au concret, quand le réel rattrape le virtuel au risque d'aller au-devant de fortes déconvenues au moment de l'exécution des travaux, autant temporelles que financières et humaines.

---

1. *Ce que le terrain nous raconte*, entretien avec Tadao Andō, par Françoise Laboe et Serge Salat, L'Architecture d'Aujourd'hui Éd.

Figure 5.4 Extrait de la modélisation en 4 dimensions d'un projet offshore en Norvège.

C'est de cet impératif que le Lean Construction s'inspire pour fluidifier la production sur chantier, mais également anticiper le processus de définition et de compréhension de l'ouvrage, comme présenté dans le paragraphe précédent sur l'IPD à destination des maîtres d'ouvrage. Les architectes et BET (bureaux d'études techniques) peuvent également porter la démarche Lean Construction et bénéficier de ses apports. Le passage de la réalisation de plans papiers à celle de plans informatiques permet de « charger » le bâtiment virtuel d'une somme considérable d'informations. La technique (fluides, domotique, mécanique…) contenue dans les ouvrages devenant de plus en plus complexe, la maquette numérique (ou BIM, pour *Building Information Modeling* ou *Building Information Management*) aide le concepteur à se représenter l'ouvrage fini, en le modélisant en trois dimensions.

Eastman (2011)[2] définit le BIM comme une technologie et des processus associés pour produire, communiquer et analyser des modèles de construction. Le travail collaboratif et participatif est donc également fortement présent, base fondamentale de tous les outils et de toutes les démarches Lean. Dans le schéma traditionnel, une quantité non négligeable d'informations est perdue entre les différentes étapes du projet, de par la structure en silos : des acteurs différents utilisant des outils différents, avec des langages différents à différents niveaux de détail. Dans un schéma BIM, tous vont collaborer autour du même outil, initié par l'architecte.

Le Lean, c'est aussi éviter (voire éliminer) les gaspillages. Dans un schéma classique, les mêmes informations, relatives à un bâtiment, sont saisies en moyenne sept fois pour les besoins propres de l'électricien, du plombier, du chauffagiste, du bureau d'études techniques… Toutes ces saisies redondantes sont sources d'erreurs, d'omissions, d'incohérences et de retard de livraison au lot suivant ; donc augmentent sensiblement le coût final de l'ouvrage. On estime à plus de 10 giga€ le coût annuel des incohérences dans le bâtiment en France.

---

2. *BIM Handbook: A Guide to Building Information Modeling for Owners, Managers, Designers, Engineers and Contractors*, John Wiley & Sons Ltd, Hoboken, New Jersey, États-Unis.

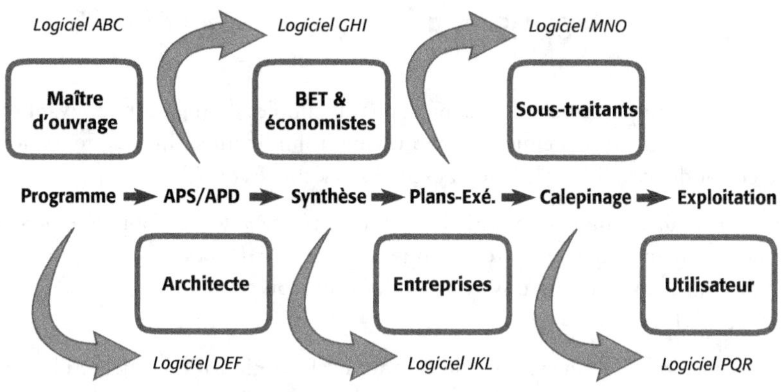

Figure 5.5 Approche traditionnelle.

Dans une démarche BIM, les informations chargées dans le système central sont capitalisées à chaque étape du processus. Ainsi, le résultat de chaque étape (calculs énergétiques, dimensionnements chauffage, climatisation, aéraulique, emplacement des équipements, alarmes et sécurité, maintenance, etc.) consolide la conception, dans une démarche collaborative et participative d'identification et de gestion des conflits de pré-construction.

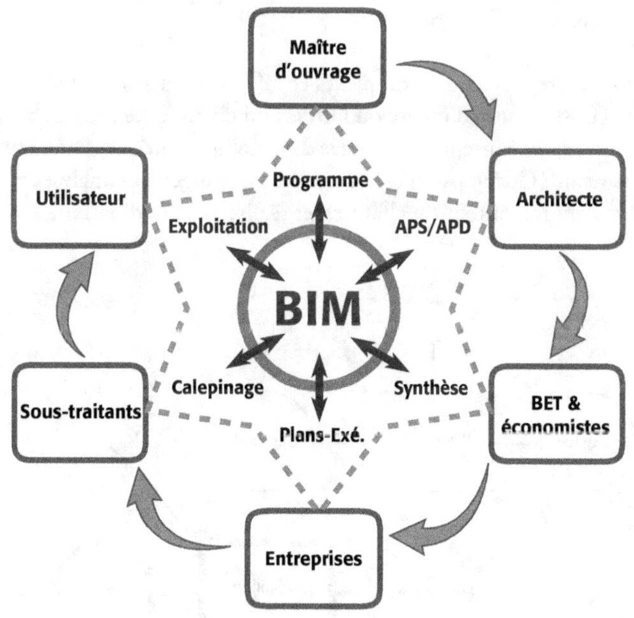

Figure 5.6 Approche BIM.

Le même système d'information centralise toutes les données des différents acteurs qui ont ainsi un accès en direct à toutes les informations du projet, dans un même langage, avec des logiciels immédiatement compatibles. La conception devient donc un vrai processus itératif, collaboratif et participatif.

5.3   PME – Entreprises générales : 5S et LPS®

Le LPS® et le 5S appliqués au chantier sont des outils simples d'utilisation, pouvant être mis en place en même temps ; le premier synchronisant et fluidifiant le flux de production, et le deuxième créant des conditions idoines d'exécution (sécurité et qualité).

Une fois que le maître d'ouvrage a initié la démarche par sa volonté d'appliquer le Lean sur l'opération qu'il finance, que l'architecte a mis en place le BIM pour la conception, l'entreprise « n'a plus qu'à » exécuter ses travaux selon les plans constitués, le 5S et le LPS® facilitant grandement sa tâche.

De même qu'une organisation en silos non communicants ne fournit que des résultats médiocres en phase de conception, une telle organisation ne fournira pas de meilleur résultat sur chantier. La planification est réalisée en partant des informations du projet et des objectifs du projet, aboutissant à un état temporel de ce qui « devrait » être fait.

Pour l'exécution des travaux, il suffit d'ajouter des ressources (main-d'œuvre, matériaux, matériel) et de pousser la charrette. Le palliatif au retard, c'est l'ajout de ressources, toujours plus de ressources, sans vraie prise en compte de la réalité intrinsèque du chantier, ni de celle des entreprises. Surtout, le pouvoir organisationnel est centralisé ; une seule entité dictant aux autres « quoi faire » et « quand ». Des séquences plus optimisées auraient peut-être pu être trouvées par ceux réalisant le travail, mais, dans un schéma classique en commande/contrôle, cette opportunité n'existe que très peu.

Les interfaces entre entreprises étant complexes et difficilement planifiables finement dans le temps, l'ordonnateur (le maître d'œuvre ou l'OPC) du chantier ne ménage pas sa peine, met à jour les plannings, suit les entreprises, menace de pénalités pour délais non tenus… toujours avec un temps de retard. Ce temps lui est nécessaire pour digérer et analyser la somme colossale d'informations qui remontent du chantier, et réaliser sa coordination.

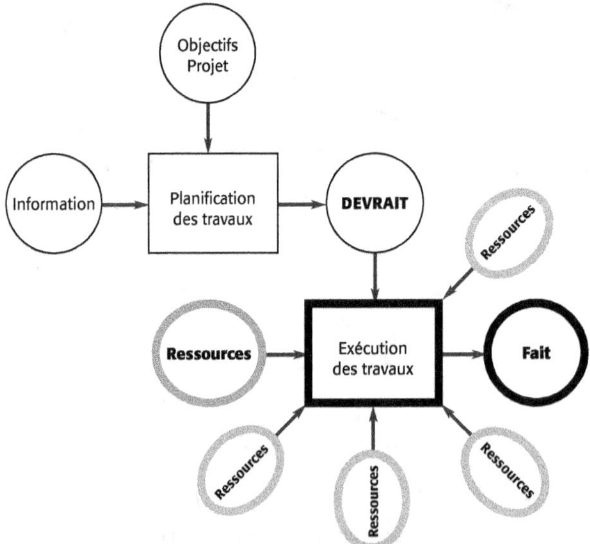

D'après Patrick Dupin, Delta Partners ; adapté de The Last Planner System of Production Control, Dr. Glenn Ballard, 2000.

Figure 5.7 Illustration du flux poussé dans l'approche traditionnelle.

Le Last Planner® System (comme décrit dans un chapitre dédié) est au contraire avant tout un outil favorisant la communication et la prise en compte des contraintes de chacune des parties prenantes et de la réalité du chantier.

L'attention est collectivement attirée sur la quantité de ressources que le chantier *« peut »* absorber. Cette capacité intrinsèque du chantier est confrontée avec le planning enveloppe afin de vérifier que le chantier avance dans le bon rythme, au bon moment, tel que prévu (ou en avance). Chaque entreprise peut alors s'engager sur ce qui *« sera »* fait à une semaine, regroupé dans un ensemble de promesses faites aux autres entreprises. Un système dédié de suivi des promesses donne un cadre pour détecter et traiter les problèmes aussi tôt que possible et alimente la roue de l'amélioration continue qui tourne donc en permanence. Le LPS® est donc également un outil de recherche de la performance par itération comme c'est le cas pour la plupart des outils du Lean Construction.

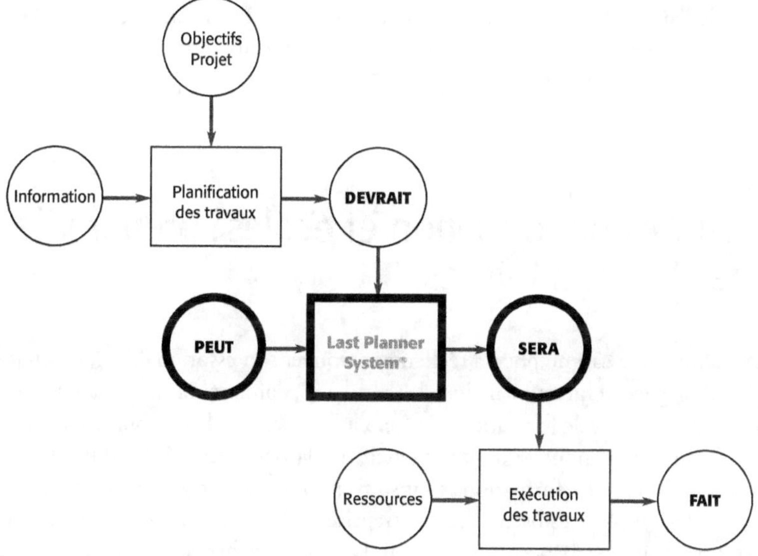

D'après Patrick Dupin, Delta Partners ; adapté de The Last Planner System of Production Control, Dr. Glenn Ballard, 2000.

Figure 5.8 Illustration du flux tiré dans l'approche lean (LPS®).

Le résultat de l'application du LPS sur un chantier d'entreprise générale est une diminution sensible du stress sur l'équipe travaux (aussi bien ouvriers qu'encadrants), une meilleure anticipation des problèmes et donc une productivité relevée.

5.4   TPE – Artisans : préparation à J–1

Même s'il est vrai que la plupart des outils du Lean Construction nécessitent une base d'outils bureautiques, plus répandue chez les grandes entreprises que chez les artisans, tous les outils Lean peuvent se réaliser avec un papier, un crayon et une volonté de bien faire. Alan Mossman (dirigeant de The Change Ldt, cabinet de conseil en Lean) a implémenté le LPS sur des chantiers perdus dans la brousse, où connexion Internet et ordinateurs ne pouvaient fonctionner. À l'aide d'une communication adaptée (plus de quinze nationalités travaillaient sur ce chantier) et la volonté de bien faire, toute l'équipe a pu travailler en suivant le LPS et livrer ce chantier (un pont et ses infrastructures) avec très peu de moyens matériels, dans un environnement compliqué, sans grande entreprise ; et malgré tout en avance sur le planning.

L'expérience vécue par Alan Mossman montre bien que la réponse « le Lean n'est pas adapté à ma configuration ou à mon entreprise » n'est pas recevable. Chaque entreprise, y compris les plus petites, peut bénéficier de la démarche Lean et de ses outils. Ces techniques lui permettront de gagner en efficacité et donc de se développer, accompagnée en cela par d'autres outils jusqu'à obtention d'une structure pérenne et performante.

La 19e édition de l'IGLC (conférence internationale annuelle autour du Lean Construction), qui s'est tenue à Lima au Pérou en 2011, a montré que bien des artisans péruviens appliquent eux aussi certaines méthodes du Lean Construction, notamment la préparation à J–1 et le management visuel (voir les chapitres dédiés dans cet ouvrage).

L'effet levier de l'amélioration de la performance est d'autant plus important que l'entreprise est petite. Les artisans et TPE les plus innovants, celles et ceux qui oseront changer les habitudes, ont donc une opportunité très importante de repenser leurs opérations et se développer durablement.

5.5 Centres de formation et écoles : préparer les générations futures

Toute cette démarche Lean ne pourra réellement trouver son essor, malgré les incitations des maîtres d'ouvrages et architectes, malgré les résultats prometteurs de certaines entreprises, sans un accompagnement de formation adapté. La formation et l'accompagnement représentent un atout important pour le développement de la productivité de toute structure. Les coûts directs et indirects des formations sont souvent opposés comme frein à toute démarche de formation, les employés absents de l'entreprise coûtant et ne générant pas de chiffre d'affaires. Ce n'est qu'en (très petite) partie vrai. Les coûts de formations (et dans une certaine mesure également les salaires chargés des employés en formation) peuvent être pris en charge par les organismes type OPCA.

Aussi, même s'il est vrai qu'un employé absent ne génère pas de chiffre d'affaires (manque à gagner), quel est le coût de ne pas le faire former (manque à gagner) ?

Il existe aujourd'hui en France une offre de plus en plus abondante tant en accompagnement qu'en formation théorique et pratique, toute organisation souhaitant gagner en performance et en productivité peut donc trouver les acteurs idoines pour l'accompagner dans sa démarche.

CHAPITRE 6

Les 7 (+2) sources de gaspillage

Dans un marché de plus en plus concurrentiel, pratiquant des prix toujours plus bas, forçant les entreprises à réduire leurs marges au maximum, une source quasi immédiate de productivité est l'élimination des gaspillages. La productivité pouvant être définie par le ratio entre extrants sur intrants, diminuer les intrants augmente *de facto* la productivité.

Toyota identifia sept sources de gaspillages : surproduction, attentes, transports, sur-qualité, stockages, déplacements, non-qualité.

6.1　Surproduction

Surproduire peut se traduire par la production d'un ouvrage qui ne sera pas utilisé, et sera destiné à être détruit à court terme, sans qu'il ait pu être valorisé auprès du client (ou de l'utilisateur final). La surproduction, c'est donc aussi utiliser plus de matériaux que nécessaire, plus de ressources que nécessaire et/ou un matériel surdimensionné pour la tâche à réaliser.

Un bon indicateur de surproduction (premier cas) est le nombre de bennes de chantier évacuées mensuellement, hebdomadairement ou quotidiennement selon la taille du chantier. À l'ère de la représentation virtuelle en trois dimensions au moins, dans laquelle chaque gaine, chaque rail de cloison plâtre, chaque tige filetée, chaque câble est représenté, le volume de gravats sortant d'un chantier devrait être nominal. Il devrait correspondre aux seules chutes non réutilisables, aux erreurs et changements éventuels en cours d'exécution.

Un rapide coup d'œil à la plupart des chantiers de construction suffit pour se rendre compte que le niveau minimal de production de gravats (donc de surproduction) est loin d'être atteint. Les bennes à gravats sont le plus souvent remplies de déchets en tous genres : morceaux de plaques de plâtre, béton, ferraille, débris de gaines de ventilation, bois en tous genres, câbles ou gaines entiers, matériels usagés… signes d'un flux poussé.

Or, chaque élément en passe de devenir un déchet de surproduction a dû être commandé, stocké chez le fournisseur, livré sur chantier, stocké sur chantier, mis en œuvre, démonté voire directement jeté, évacué à la benne… cette benne qu'il faut évacuer à son tour, payer le coût du transport et du traitement. Les bennes ne représentent donc en réalité que la partie immédiatement visible des coûts de surproduction, la partie émergée de l'iceberg.

Figure 6.1 Illustration de la sur-qualité sur chantier (quatre ouvriers, un échafaudage et deux nacelles élévatrices pour placer une gaine de ventilation).

Le principe JIT (*Just In Time*, juste-à-temps) vise justement à réduire les surproductions jusqu'à élimination totale. Le flux poussé incite à produire plus que besoin avec du matériel surdimensionné, pour tenter de pallier le manque de processus internes. La réduction des surproductions passe par la définition constructive «en détail» de l'ouvrage à réaliser (en trois dimensions si possible) et par une réflexion systématique des besoins en matériels, matériaux et en main-d'œuvre pour le réaliser, au moment «juste».

6.2 Attentes

Les attentes sont une source très importante d'alimentation de l'océan des gaspillages. L'action d'attendre n'apporte à l'évidence aucune valeur ajoutée. Comme bien souvent dans la forêt des gaspillages, des arbres de gaspillages en cachent d'autres, et ce n'est qu'après avoir abattu la première rangée que la deuxième apparaît, et ainsi de suite… L'attente la plus directement visible est, avec évidence, le fait de ne pouvoir immédiatement réaliser une action, du fait d'un manque (matériels, matériaux, main-d'œuvre, information, validation…). Une préparation systématique des éléments nécessaires (et suffisants pour éviter la surproduction) pallie assez efficacement ce gaspillage (voir notamment la préparation à J–1 décrite plus loin dans cet ouvrage). Si la réalisation d'un processus se voit bloquée dans l'attente d'un élément (ouvrage, information, matériels, matériaux…), qui s'avère non nécessaire à la réalisation de ce processus, alors c'est un gaspillage « au carré » ! Le schéma le plus répandu actuellement, commande/contrôle, destiné à ne laisser aucune latitude aux subordonnés, constitue un terreau très fertile pour le développement des attentes. Dans un système commande/contrôle bien en place, l'ouvrier n'exécutera sa tâche que conformément aux ordres du chef de chantier, qui les reçoit lui-même du conducteur de travaux. Le flux de production sur chantier se trouve très souvent interrompu par un manque d'informations et de matériels dont le conducteur de travaux n'a pas eu la latitude de s'occuper. L'ouvrier attendra donc ces matériels et informations pour reprendre le cours de ses travaux.

Le développement de la responsabilisation, à chaque étage de la hiérarchie du chantier (passant peut-être par de la formation), en favorisant la prise d'initiatives « éclairées » et la créativité, constitue une solution rapide et efficace pour traiter les sources principales d'attente.

Ensuite, la mise en place de cartes kanban sur chantier améliorera la fiabilité et verrouillera l'élimination de l'attente. Le principe est simple, mais demande de l'engagement et de la rigueur de la part des ouvriers et chefs d'équipes pour être efficace sur la durée.

Il s'agit avant tout d'éliminer les attentes dues au manque de matériaux par commandes tardives, problème très répandu sur les chantiers et représentant la grande partie des attentes. En fonction de la taille du chantier, de l'implication des ouvriers et chefs d'équipe dans l'organisation de leurs propres travaux (en lien avec la responsabilisation voulue par l'entreprise) et du niveau de leur formation (initiale ou continue), les étapes suivantes visant à l'organisation de la gestion des matériaux en flux kanban pourront être réalisées hebdomadairement, voire quotidiennement.

1) Chaque ouvrier spécialisé ou chef d'équipe dispose de cartes kanban sur lesquelles seront préimprimés le nom du chantier, le nom de la personne responsable, la date d'utilisation des principaux matériaux à commander, avec leur nomenclature (nom et code interne à l'entreprise).

2) Ces cartes kanban sont remplies à l'avancement du chantier, à intervalle régulier ; on y mentionnera les matériaux utilisés et la quantité à recommander.

3) Le N+1 (chef de chantier ou chef d'équipe) consolide les informations contenues dans l'ensemble de ces cartes. Mieux encore, comme c'est le cas sur certains chantiers en Californie (berceau du Lean Construction et terreau fertile de développement des outils par les entreprises DPR, Sutter Health et Turner notamment), l'entreprise aura mis en place un système permettant un traitement informatique et systématisé de ces données, les cartes kanban étant dématérialisées sur tablette tactile. Le coût de la perte ou du vol d'une tablette tactile reste négligeable au regard des économies générées par leur utilisation.

4) Le N+1 (chef de chantier ou chef d'équipe) opère une vérification rapide du stock chantier et module les quantités consolidées pour éviter de revenir en flux poussé.

5) La demande de commande est faite directement auprès du fournisseur, avec copies aux services supports (facturation, gestion) et au N+2 (conducteur de travaux) qui dispose en temps réel des besoins du chantier et donc d'un tableau de bord d'avancement.

6) La commande est livrée sur chantier, les matériaux sont répartis en fonction des demandes des ouvriers ou chefs d'équipes, limitant ainsi les stocks sur chantier.

Dans un système kanban, les commandes de matériaux sont réalisées selon les besoins réels du chantier et non selon des prévisions, fausses par définition. Dans ce cas, la carte kanban est également un outil pédagogique de responsabilisation et d'implication sur toute la chaîne hiérarchique. L'encadrement du chantier doit accepter d'abandonner un peu de son « pouvoir » au bénéfice de ses subalternes. Le conducteur de travaux pourra alors se concentrer sur les tâches critiques et maintenir un haut niveau d'anticipation, les ouvriers et chefs d'équipe se sentant estimés. La considération est un levier puissant de performance, trop souvent négligé dans les organisations classiques et absent des schémas commande/contrôle.

Dans le même schéma, les attentes causées par des surfaces de travail non prêtes peuvent aisément être traitées par des cartes kanban : en lien avec le zoning du chantier, chaque entreprise ou équipe annote sa carte kanban en mentionnant les travaux réalisés (en pourcentage) et ceux à venir. Les informations ainsi consolidées permettent l'obtention d'un tableau de bord de l'avancement des zones et donc un suivi du flux de production. La réalisation de chaque tâche de chaque entreprise « appelant » le commencement de la tâche suivante selon la séquence définie, elle-même appelant la préparation de la suivante, il s'agit bien d'un flux tiré dans un système basé sur l'anticipation. Ce principe est développé plus loin dans le chapitre sur les outils Lean Construction « *Microzoning,* Takt Time *et cartes kanban* ».

6.3   Transports (logistique)

Le succès de la construction du terminal aéroportuaire T5 à Heathrow (Royaume-Uni) revient en grande partie à la capacité de l'équipe projet à avoir organisé ses flux logistiques (livraison/évacuation de matériels et de matériaux). La livraison en flux « juste-à-temps » permet des économies substantielles, directes et indirectes. Les matériels et matériaux ne sont pas surcommandés, réduisant ainsi des frais de stockage importants et optimisant le cash-flow.

D'autre part, il est communément admis qu'un des facteurs principaux déterminant dans la production journalière d'un chantier est la grue. Le nombre d'ouvriers sous une grue est limité par la capacité de la grue à délivrer les matériels et matériaux dont ils ont besoin.

Cette autolimitation, acquise pour la plupart des entreprises et maîtres d'œuvre, est valable dans un schéma de flux poussé. Dans le cas de la pose d'une prédalle et du matériel à déposer sur la dalle la plus haute (étais, éléments de sécurité, outils…), quatre coups de grue (au moins) sont nécessaires à un bon positionnement et à la levée des matériels :

1) Le camion se positionne à côté du chantier, la prédalle est prise en charge par la grue et amenée à la zone de stockage pour être empilée avec les autres.

2) Le moment venu de poser cette prédalle, elle se trouve généralement sous une autre (au moins) qui doit être déposée, par un deuxième coup de grue.

3) La prédalle étant rendue disponible, un troisième coup de grue la pose à sa place *ad hoc.*

4) À l'arrivée du camion apportant du matériel, un quatrième coup de grue est nécessaire pour le déposer sur les prédalles.

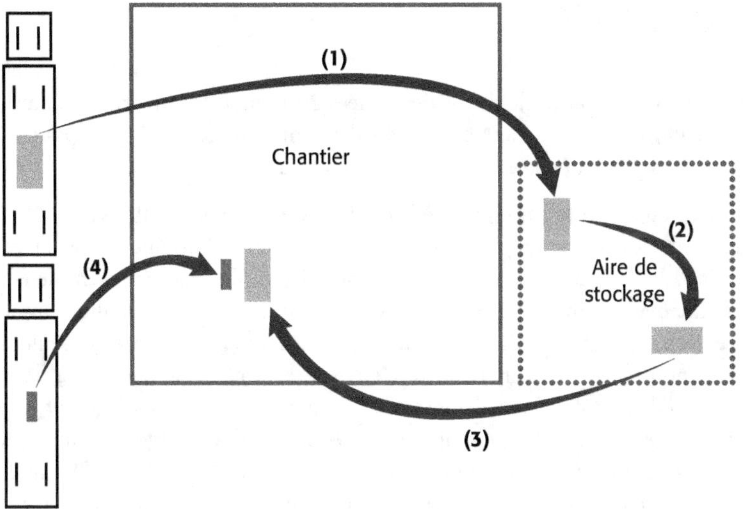

D'après Patrick Dupin, Delta Partners.

Figure 6.2 Schéma classique, flux logistique poussé (4 coups de grue) : illustration des grutages minimum nécessaires à la mise en place d'une prédalle et du matériel chantier dans l'approche traditionnelle.

Dans le cadre d'un flux tiré, les commandes sont réalisées en fonction des besoins du chantier, à l'aide des cartes kanban.

Le camion se positionne à côté du chantier, la prédalle la plus haute, chargée de matériel et de matériaux, est prise en charge par la grue et directement posée à sa place définitive. Un seul coup de grue suffit pour décharger la prédalle, la mettre en place et avitailler le chantier, la zone de stockage est réduite.

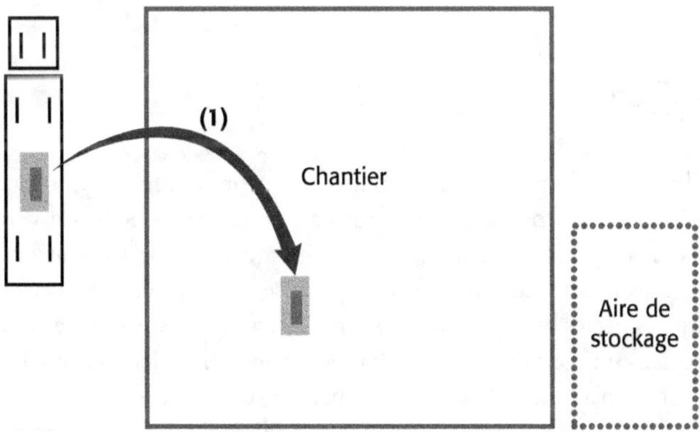

D'après Patrick Dupin, Delta Partners.

Figure 6.3 Schéma Lean, flux logistique tiré (1 coup de grue) : illustration des grutages minimum nécessaires à la mise en place d'une prédalle et du matériel chantier dans l'approche Lean.

6.4   Sur-qualité

Tendance bien connue depuis le début des années 2000 dans la construction, la sur-qualité est atteinte quand le coût et l'énergie dépensés dans un système Qualité surpassent systématiquement le(s) risque(s) que la démarche Qualité vise à éliminer.

Quel est le coût du contrôle par rapport à la confiance et à la responsabilisation ? Les normes, règlements, contrôles de plus en plus nombreux peuvent être à l'origine de gaspillages sévères. Non pas qu'il faille faire fi de ces outils dont la première utilité est justement de faire gagner en productivité, mais à bon escient et dans une démarche intégrant la Qualité dans une vision d'entreprise. Remplir des formulaires en vue de passer haut la main un audit seulement pour obtenir (ou renouveler) son accréditation, c'est se priver, alors même que la démarche est réalisée, de tout l'apport qu'une démarche telle que la TQM (*Total Quality Control* ou Contrôle par la Qualité Totale) peut apporter : réduction des doublons, fluidité des opérations, évitement des non-qualités… notions qui sont très proches du Lean. De fait, la Qualité et le Lean sont deux démarches complémentaires, l'une et l'autre pouvant être menée en parallèle pour un (encore meilleur) résultat.

Dans le cas contraire, le coût de la mise en place et de l'animation d'une démarche qualité « aveugle » est considérable. On estime qu'il peut représenter (directement et indirectement) près de 5 % du chiffre d'affaires d'une organisation. Les coûts directs sont les salaires, charges et frais inhérents à la cellule Qualité en elle-même (animation, bureaux, véhicule, production de documents, audits…) et les coûts indirects sont ceux induits par la Qualité (séminaires, formulaires à remplir, démobilisation, exploitations des données en tableau très complexes…)

Il convient donc, dans le cadre d'une démarche Lean, de bien identifier le niveau d'ambition de la démarche Qualité à mettre en place, s'assurer que chacune de ses étapes apporte de la valeur et ne pas hésiter en cela à faire appel à des organismes spécialisés, le mieux étant parfois l'ennemi du bien.

6.5   Stockages

La quantité de stockages sur chantier est un bon indicateur du niveau de gaspillages. C'est le signe directement visible d'un schéma en flux poussé. Bien des chefs de projet réalisent leurs approvisionnements en masse, se basant sur le principe que, plus le camion est rempli en arrivant au chantier, plus le coût du transport est optimisé. C'est juste, mais cette démarche, prise seule, engendre des pertes bien plus lourdes. Le référentiel logistique externe au chantier pourra être optimisé dans une certaine mesure, mais le référentiel projet sera largement pollué, et la productivité globale n'atteindra pas son optimal. En effet, les matériaux (et matériels) commandés et livrés sur chantier, qui ne pourront être utilisés à court terme, sont sources de dépenses variées : coût du stockage, coût financier, sous-optimisation de la trésorerie, gestion du stock, perte de temps à trouver l'élément recherché… De plus, la surface libre se raréfiant sur les chantiers, l'espace occupé par ces matériaux, inutiles à court terme, prive de la possibilité d'utiliser cette surface à meilleur escient, comme par exemple de réaliser des bancs de préfabrication.

Figure 6.4 Exemple de zone de stockage coffrage en flux poussé.

Figure 6.5 Exemple de zone de stockage ferraillage en flux poussé.

Outre les cartes kanban qui permettent de limiter les attentes (voir **6.2 Attentes**, du même chapitre) et de charger le chantier de la quantité minimale en matériaux, selon les besoins réels du chantier, il existe une solution pour limiter les stockages : définir des zones de travail qui auront chacune leur propre zone de stockage dédiée, à l'intérieur de l'ouvrage à réaliser. Ceci réduit considérablement la zone extérieure et force à envisager plus finement les quantités à livrer.

Cette stratégie peut s'inscrire dans le cadre plus global d'un plan d'installation de chantier (PIC) évoluant avec l'avancement du chantier, un PIC dynamique.

6.6   Déplacements (sur chantier)

Des études réalisées chez une major de la construction mondiale ont montré qu'un ouvrier bancheur marchait entre sept et neuf kilomètres par jour. Ces déplacements peuvent être dus à plusieurs facteurs : recherche d'informations (plans, ordres, détails…), d'outils, de matériel, de matériaux ; passage d'une zone de travail à l'autre, déplacements inhérents au processus de construction et « repos ». Un chantier est un ensemble de flux qu'il convient d'anticiper et de gérer au plus optimisé.

Figure 6.6 Exemple de déplacements inutiles induits par un stockage chantier statique.

Limiter les déplacements liés à la recherche d'éléments nécessaires à la réalisation de la tâche s'obtient en assurant la mobilité de ces éléments.

Figure 6.7 Déplacements de matériel rendus nécessaires par un stockage chantier statique.

L'outil de production suivant physiquement la production, les déplacements sont réduits. Ceci est rendu possible par des blocs de rangement mobiles, pourvus de roulettes pour être aisément manutentionnables. Des casiers séparent les matériels, chacun est identifié visuellement par une étiquette pour éviter les mélanges de types de pièces. Surtout pas de porte pour « sécuriser » le petit matériel ! L'accès visuel immédiat au stock résiduel sur chantier permet de vérifier les niveaux. Le coût du vol éventuel de certaines pièces est négligeable face à celui des pénuries de pièces qui bloquent le flux et désorganisent le chantier.

Figure 6.8 Stockage tampon de petit matériel dans armoires mobiles sur chantier, sur roulettes (flux tiré).

L'arrière de ce bloc mobile peut être utilisé pour disposer les plans, fixés par aimants sur une surface métallique.

De même, la mise en place de roulettes sous les établis facilite la réalisation des nombreuses coupes et ajustements nécessaires sur les chantiers. L'outil de coupe *ad hoc* suit les ouvriers dans le déplacement de leur flux de production. L'information, les outils et le matériel suivent ainsi le flux de production, les déplacements inutiles et chronophages sont supprimés. De plus, l'accessibilité immédiate des bons outils et du matériel approprié à chaque tâche diminue grandement les risques liés à la sécurité et à la qualité.

Figure 6.9 (À gauche) Verso de l'armoire de la photographie 6.8 : possibilité d'afficher les plans sur la tôle.
(À droite) Poste de travail découpe gaine et cintrage cuivre mobile, sur roulettes (flux tiré).

D'une manière générale, l'utilisation de roulettes à la conception d'outils de transport par manutention sur chantier favorise la productivité par la réduction des déplacements.

Figure 6.10 Stockage tampon mobile de chemins de câble, sur roulettes (flux tiré).

6.7   Défectueux (Non-qualité)

Un chantier peut très vite voir son délai augmenter sensiblement si l'entreprise en ayant la charge se voit contrainte de refaire ce qu'elle a déjà réalisé. Passant le plus souvent inaperçus, la plupart des défectueux, petites non-qualités, sont autant de pollution dans la recherche de la productivité. De même que la sur-qualité, les non-qualités sont doublement sources de gaspillages ; directement et indirectement. Directement, par les ressources à mettre en œuvre (matériel, matériaux et main-d'œuvre) et indirectement par le chiffre d'affaires non généré pendant toute la phase de réparation.

Exemple :

Une équipe de maçons génère en théorie un chiffre d'affaires de 100 par jour (sans unité) dans le cadre de la réalisation de 5 mètres linéaires d'un muret de 10 mètres linéaires. Une erreur d'implantation la contraint à casser le 1 mètre de ce muret implanté la veille et qu'elle a coulé le soir même comme prévu. Cette tâche de démolition consomme des ressources (main-d'œuvre, outils de piquage, évacuation des déchets…) ; 10 % du coût total de la journée est réaliste. La reprise du muret va elle aussi coûter à l'équipe, 20 % si l'on applique le ratio CA / mètre linéaire ; le muret n'étant finalement complètement réalisé que le troisième jour. Le coût total de la reprise du muret est donc de 15 % du coût total du muret. Ce coût n'est que le coût direct : si l'équipe avait correctement réalisé son muret, à la fin de la première journée, elle aurait généré un chiffre d'affaires (CA) de 100 et, à la fin de la deuxième, un CA de 200 avec le muret complet. Dans le cas du muret à reprendre (qui représente un défectueux), à la fin de la première journée l'équipe n'aura généré que 90 de CA et 170 à la fin de la deuxième (le muret n'étant réalisé qu'à 85 %). Ces 30 de CA sont perdus pour l'équipe et pour la rentabilité de l'entreprise, sans compter l'impact du retard pris (désynchronisation du reste des travaux, désorganisation, démotivation de l'équipe à refaire ce qui a déjà été fait en plus des pénalités éventuelles), comme autant de coûts indirects *in fine*.

Dans une démarche Lean, il faut s'atteler à identifier et à traiter ces petites non-qualités qui, on le voit sur cet exemple, sont génératrices de bien des coûts directs et indirects. La mise en place de fiches d'autocontrôles (simples!) et l'observation systématique de leur utilisation avant, pendant et après chaque action, ainsi qu'une analyse « 5 pourquoi » en cas de défaillance permettent de réduire considérablement le nombre et la gravité (directe et indirecte) des non-qualités. À défaut, il ne faut pas hésiter à faire évoluer les modes constructifs et le matériel utilisé si le problème devient récurrent.

6.8   Potentiel humain non utilisé

La perte de potentiel humain est la neuvième et dernière perte (historiquement). Dans le schéma classique commande/contrôle, les ordres sont donnés par le supérieur hiérarchique qui les a lui-même reçus du sien, etc. Peu de place est laissée libre à l'initiative et à la créativité, qu'elles soient individuelles ou collectives. Chaque strate est clairement identifiée, la position et la promotion sont le plus souvent attribuées sur titre en fonction de grilles RH (Relations humaines) tout aussi rigides. Chaque individu se trouve dans sa case et «n'a qu'à» bien faire son travail et veiller seulement à son grain. Les strates du dessus contrôlent la cohérence et l'efficacité du tout. Néanmoins, ce schéma s'est avéré, au fil des années, et avec le développement de la communication et de l'informatique notamment (qui favorisent les échanges d'informations transversalement), un des moins productifs par la possibilité qu'il procure de dédouaner la responsabilité individuelle au profit de la responsabilité collective.

Sans incitation à penser «système» et comment l'améliorer, les bonnes idées des uns restent dans leur case, le voisin n'en profitant pas. Pis encore, cette bonne idée et la nano-amélioration de performance qu'elle apporte (au regard du système global) deviennent gages de pérennité d'emploi pour celui qui les a trouvées et n'a donc aucun intérêt à en faire profiter les autres.

«Seul le Chef sait, c'est pour ça que c'est le Chef» pourrait résumer le système actuel dans bien des organisations du secteur de la construction.

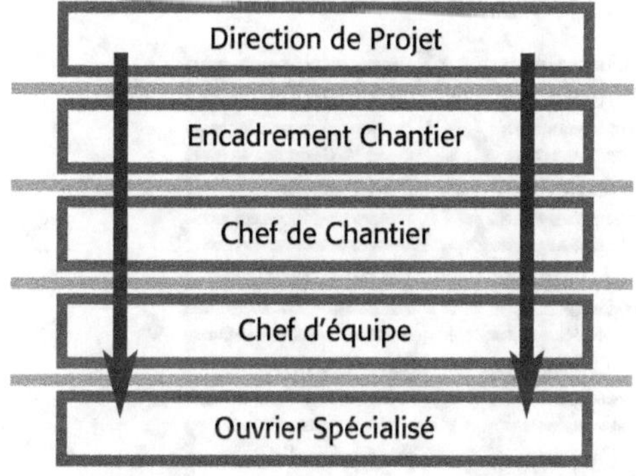

D'après Patrick Dupin, Delta Partners.

Figure 6.11 Illustration du schéma hiérarchique de communication dans l'approche traditionnelle (strates commandeur/contrôlé de haut en bas).

La proportion de pertes de productivité liées au seul potentiel humain non utilisé n'est pas encore mesurée avec suffisamment de recul pour donner ici un chiffre, mais il ne fait aucun doute que cela représente une part considérable, alimentant les autres sources de gaspillages.

Un ouvrier qui reçoit ses ordres de son chef d'équipe, ou un chef d'équipe recevant ses ordres du chef de chantier, n'a pas d'intérêt personnel et immédiat à chasser les gaspillages dus à un système qui lui est imposé. Chaque élément du système est «poussé» à l'intérieur de sa case par sa hiérarchie, et finit par rester «au chaud». Le chantier pourrait aller beaucoup plus vite et sa productivité pourrait être grandement améliorée, mais chacun garde sa position.

Dans la gestion de projet classique, laisser une certaine latitude à son subalterne est perçu comme abandonner une partie de son pouvoir. C'est risquer à terme d'être perçu comme faible et être remercié ou même voir son poste supprimé.

Dans le cas d'une organisation (ou tout du moins d'un chantier) Lean, l'initiative personnelle est largement souhaitée, portée par le système de responsabilisation de toutes les strates hiérarchiques. La productivité devient autant l'enjeu de chaque chantier comme somme de performances individuelles que celui de l'organisation (société) en tant que somme de performances de ses chantiers. Pour y aboutir, et casser ce cycle de flux hiérarchique «poussé», il convient de créer un appel d'air par le haut et permettre que l'aspiration descende jusqu'aux strates les plus basses.

Cette stratégie de développement collectif par la somme des développements personnels peut tout à fait être portée ou accompagnée par le service Ressources humaines, qui veillera à ce que chaque employé puisse en bénéficier en fonction de ses compétences, des besoins de l'entreprise et de ses propres aspirations.

Comme le schéma ci-après l'illustre, il s'agit de permettre à chaque employé au niveau «N» de réaliser, dans une certaine mesure, de manière structurée et sous son mentorat, une partie des tâches de son «N+1». Ainsi, le chef d'équipe réalisera une partie des tâches incombant au chef de chantier, le chef de chantier une partie de ce qui incombe au conducteur de travaux, etc. En plus de favoriser les échanges entre les différents acteurs du chantier, ce système permet la responsabilisation de chaque employé comme véritable maillon de la chaîne de la performance, qui devra être vu, considéré, formé et rémunéré comme tel.

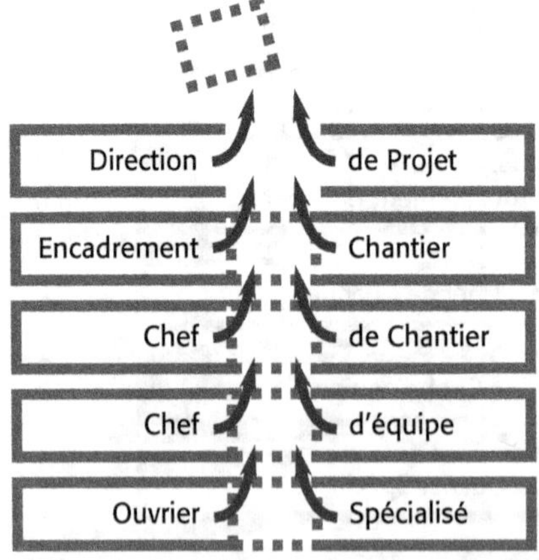

D'après Patrick Dupin, Delta Partners.

Figure 6.12 Illustration du schéma hiérarchique de communication dans l'approche Lean
(aspiration et développement personnel).

Les frais de formation et de rémunération seront largement absorbés par les profits «anormaux» issus de l'amélioration de la productivité globale ainsi que par une diminution significative du *turnover* salarial; les employés retrouvant motivation et dynamisme.

6.9   Débrouille

Figure 6.13 Exemple de débrouille (un poste de travail façonnage des aciers béton improvisé).

La débrouille n'est pas la créativité constructive. Alors que la créativité constructive est un processus itératif destiné à apporter une réponse à un besoin identifié, et aboutissant à la réalisation d'un schéma pérenne et reproductible, la débrouille est une réponse immédiate à un problème. Dans ce cas, la créativité mise en œuvre n'est pas forcément «captée», et si la situation se représente, la démarche doit repartir de zéro. Une démarche de créativité constructive est structurée et reproductible; si deux solutions identiques sont mises en œuvre dans le cadre de la débrouille, c'est un pur hasard. Les ouvriers, du fait même de l'existence des autres sources de gaspillages, doivent très souvent «se débrouiller» pour réaliser la tâche qui leur est confiée. Cette débrouille étant elle-même à la source d'autres gaspillages, c'est un cercle vicieux.

Un ouvrier doit couper des agglomérés de béton pour réaliser un batardeau sur la dalle haute et stopper ainsi les fuites par les trémies des lanterneaux de désenfumage. Il a à sa portée immédiate: la meuleuse, les agglomérés de béton, le ciment, la rallonge électrique… il ne lui manque plus que l'établi pour couper les agglos dans de bonnes conditions de sécurité et de qualité. L'établi est deux étages plus bas, l'aide d'un collègue pour le manutentionner jusqu'à la dalle haute est nécessaire, et cette opération (recherche du collègue volontaire y compris) va lui faire perdre du temps, bien entendu. C'est donc tout naturellement que, cherchant à proximité «ce qui pourrait servir», l'ouvrier se saisit de «ce qu'il trouve», à savoir des planches de bois, et profite de la présence des agglos empilés pour parachever son poste de travail «découpe des agglos» et commencer à découper. Cette scène se retrouve sur la plupart des chantiers et n'interpellera vraisemblablement pas la majorité de l'encadrement chantier qui constate, à raison, que les travaux vont bon train.

Figure 6.14 Exemple de débrouille (poste de découpe bois improvisé).

La photographie suivante illustre la scène; encore une fois, pour la plupart d'entre nous, aucun souci à l'horizon… Mieux, l'ouvrier porte tous ses équipements de protection individuelle: casque, chaussures de sécurité, gants renforcés, et même les lunettes de protection! Cet ouvrier-là a manifestement le souci de bien faire. Et c'est la plus stricte vérité.

Figure 6.15 Exemple de débrouille (poste de découpe bois improvisé).

Une analyse plus fine de la situation révèle plusieurs problèmes, tous consécutifs à la « débrouille » :

- L'ouvrier manipule un engin d'une puissance 2 500 watts qui peut l'emporter et le faire chuter d'autant plus facilement qu'il se trouve en équilibre très précaire (la chaussure gauche calée sur une planche de bois, elle-même mise en équilibre sur la pile d'agglos).

- La chaussure gauche n'est qu'à quelques centimètres de la lame de la scie.

- Les chaussures servent à caler la pièce à couper.

- Le « poste » découpe est à une quinzaine de mètres de la trémie à réaliser, donc 30 mètres à parcourir par agglo à poser. S'il faut 10 agglos par trémie, l'ouvrier marchera 300 mètres par trémie. Il a 10 trémies à traiter… !

- La position de travail, en plus d'être dangereuse, favorise les maux de dos et fatigue les articulations.

- Le bac à matériel (ou matériaux), à gauche sur la photographie, doit être déplacé à la grue, souvent saturée et utilisée pour d'autres levages plus « importants »… une roulette sous chaque pied de ce bac et l'ouvrier s'économisera bien des kilomètres chaque jour.

Sous l'impulsion d'un chantier Lean, l'équipe travaux a innové pour sortir de la « débrouille » et a conçu et réalisé un ensemble d'outils simples à utiliser et favorisant le déplacement de l'outil de production avec le flux de production.

Figure 6.16 Exemple de poste de travail Lean (les outils adaptés sur roulettes accompagnent le flux de production).

CHAPITRE 7

Les outils du Lean Construction

7.1   Last Planner® System

Le Last Planner® System, outil phare du Lean Construction, est un outil de planification collaborative, avant tout visuel et simple à appliquer sur chantier. Dans la méthode traditionnelle d'établissement et de gestion du planning travaux, le maître d'œuvre ou l'OPC (voire l'entreprise générale) édicte les séquences de travaux, les enchaînements internes à chaque lot, définit les durées des tâches globales et internes à chaque lot, les jalons intermédiaires… Le planning général des travaux est ainsi réalisé. Ce document reprend les étapes générales du projet pour chaque lot, les durées de chaque tâche et indique les liens prédécesseur/successeur sous la forme d'un réseau de barres de Gant. Les entreprises sont ensuite convoquées les unes après les autres pour le signer auprès du responsable de l'opération (ou bien le planning est inséré dans le dossier de consultation). Les pénalités prévues pour délais non tenus sont rappelées, les dates d'exécution passées en revue et, après un bref examen du document, chaque entreprise appose sa signature, le rendant ainsi contractuel !

Le chantier peut alors débuter, le maître d'ouvrage et le maître d'œuvre estimant disposer d'un document de poids dans un système contractuel verrouillé, qui garantit la bonne tenue des délais.

C'est ainsi que la plupart des chantiers de construction commencent : un schéma commande/contrôle et un cadre contractuel fort. Le problème dans cette équation réside dans le fait que toutes les entreprises, au moment de signer le planning, savent qu'il n'est que très peu probable que leur prédécesseur dans la séquence prévue tienne ses délais ; elles signent donc le planning avec d'autant plus d'assurance. Il n'est pas rare de voir un maître d'ouvrage en retard dans l'établissement de ses choix, un architecte tardant à remettre ses plans de détail, un bureau d'études traînant dans la validation des plans d'exécution. Le chantier n'a pas encore commencé qu'il a déjà pris du retard. La première entreprise a donc déjà des risques non négligeables de ne pouvoir débuter ses travaux à temps ; elle ne manquera pas de rappeler le cadre contractuel et demandera même parfois des indemnités pour l'attente et la mobilisation des ressources.

C'est ce que nous appellerons ici le système du planning épouvantail : il effraye tout au début, mais rapidement plus personne n'y prête une quelconque attention ; pire, il est utilisé contre celui qui l'a mis en place. Les oiseaux finissent toujours par utiliser l'épouvantail comme perchoir…

Le Last Planner® System (LPS®) est un « système de contrôle de la production » dans lequel le « dernier planificateur », celui qui réalise le travail (d'où *Last Planner*), est le mieux placé pour informer sur la possibilité d'un travail planifié. Cette remontée d'information est cruciale dans la garantie d'exécution d'une tâche considérée. Si celle-ci est planifiée dans le planning global (devrait être faite) et que le chantier a vérifié qu'elle pouvait l'être, alors il n'y a pas de raison (sauf aléas) qu'elle ne puisse pas être réalisée.

Last Planner® System est une marque déposée du Lean Construction Institute. Bien que son utilisation soit libre de droits, celle-ci doit se faire dans le cadre bien précis décrit par Glenn Ballard. N'appliquer qu'une partie du LPS® sur un chantier sans avoir la connaissance ou la compétence des autres parties est dangereux. En effet, n'appliquer que 30 % du système est contre-productif, le système venant alors plus polluer l'organisation en place que l'améliorer : les gains de productivité seront négatifs, décrédibilisant l'ensemble de l'outil et, par extension, le principe Lean Construction lui-même.

Mené correctement (en partie par un expert, ou en totalité par un novice formé), le LPS® permet des gains substantiels de productivité par la continuité du flux de production. Les délais se raccourcissent en général entre 15 et 35 %, le stress sur l'encadrement de chantier diminuant considérablement.

7.1.1   Les 4 piliers du Last Planner® System

- La planification participative : celui qui réalise le travail est celui qui fait les promesses (estimation des tâches, de leur temps et de leur coût en main-d'œuvre). Si une promesse ne peut être tenue, alors elle ne doit pas être faite, ce qui implique que chaque acteur ait la capacité de dire « ***Non, je ne peux pas*** ».

- Une définition, en mode collaboratif, des intrants et des extrants livrés par chaque responsable de lot, est requise pour chaque lot de travail (pour éviter les attentes inutiles dues à une mauvaise compréhension des requis et interdépendances).

- Le « dernier planificateur » est directement responsable du suivi et du contrôle de son travail. Si une promesse ne peut être tenue, un arbre des causes (5 pourquoi) sera établi afin de traiter les sources de pollutions et de désynchronisations et éviter qu'elles ne deviennent récurrentes.

- Les réunions fréquentes de partage de « ce qu'il reste à faire » en temps réel sont de mise afin de s'adapter, collectivement et au même rythme, aux changements inévitables en cours de projet (l'impact des changements sur les intrants et extrants est connu de tous, et ce en continu).

7.1.2 Planifier dans des conditions d'incertitude

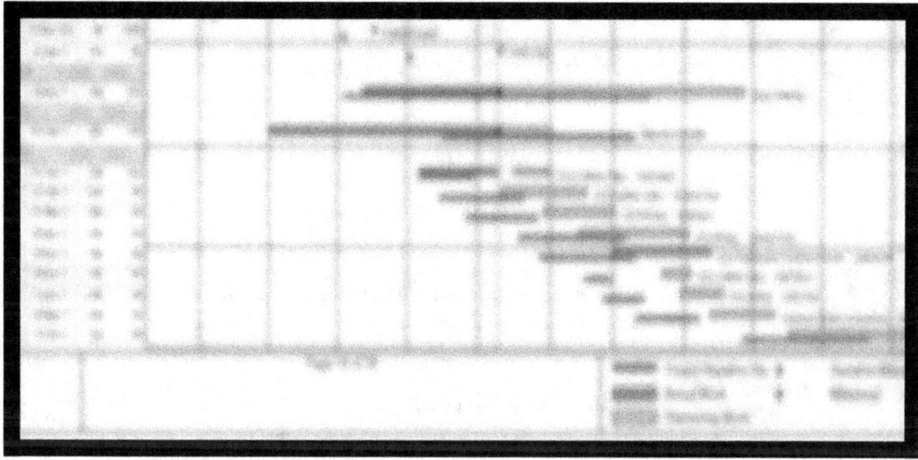

Figure 7.1 Illustration de la difficulté de planifier, le futur est par définition incertain et flou.

La planification est une prévision. Toute prévision est source d'erreurs « après coup ».

- Plus la prévision est lointaine dans le temps, plus les possibilités d'erreurs sont grandes.
- Plus la prévision est détaillée, plus les sources d'erreurs sont étendues et variées.

7.1.3 Principes du LPS®

- Planification grâce aux informations concrètes provenant de ceux qui exécuteront les travaux/tâches : *« Last Planner »*.

- Détail des tâches à l'approche : *« Look-Ahead Window »*.

- Identification des contraintes et des conditions préalables nécessaires afin que ce qui **devrait** être réalisé le **soit** !

- Responsabilisation et engagement des intervenants sur les tâches qui **seront** réalisées (promesses).

- Processus d'amélioration continue (PDCA) : apprendre en analysant la différence entre le prévu et le réalisé (PPC) ; formaliser le retour d'expérience (arbre des causes, « 5 pourquoi »…).

7.1.4 Étapes du LPS®

		Fiabilité
Master Schedule	• Planification classique (enveloppe et/ou charnière) avec identification des jalons et séquences de construction	**40-50 %**
Phase Planning	• Mise au point des séquences et compression du planning avec tous les participants pour les 3 ou 4 mois à venir	**50-70 %**
Look-Ahead Planning	• Planification en équipe pour les prochaines 6 à 12 semaines • Identification des contraintes, définition des actions à prendre	**70-90 %**
Production Planning	• Planning Détaillé établi par les « *last planners* » • Seulement les activités sans aucune contrainte/barrière	**90-100 %**
Analyse du PPC		

Figure 7.2 **Les grandes étapes du Last Planner® System.**

1. *Master Schedule* (Planning enveloppe)

Les grands équilibres d'exécution d'un chantier peuvent se vérifier à l'avance, en se référant aux ratios usuels de production et à l'expérience de l'équipe travaux. Le planning enveloppe a typiquement moins de 50 tâches, les macro-lots ne sont pas détaillés, les données d'entrée pour réaliser ce planning restant volontairement grossières. Le but est d'identifier les grands ensembles, les acteurs principaux, de placer l'opération dans le temps (début-fin) et d'amorcer le système. Le planning enveloppe est réalisé en tout début d'opération, par l'équipe d'encadrement du chantier, chacun pouvant apporter sa connaissance pour garantir l'établissement d'un document aussi pertinent que possible.

2. *Phase Scheduling* (Planning charnière collaboratif)

Le but de cet exercice, qui doit être réalisé dès les premiers travaux commencés, est de bâtir un planning dans un processus collaboratif (et itératif), qui pourra être mis à jour en cours de chantier en cas de modification importante ou de retard mettant en péril les séquences déterminées. Pour réaliser ce planning, l'idéal est que l'ensemble des parties prenantes soient présentes (entreprises, architecte, maître d'ouvrage, bureaux d'études techniques, consultants…) ou, à défaut, les entreprises seules. Les entreprises peuvent être représentées par le responsable ou par le conducteur de travaux, celui qui a le plus de visibilité sur l'activité de l'entreprise à moyen terme, sur l'emploi des ressources sur cette période, et qui a la capacité de les engager.

L'établissement du planning charnière collaboratif sera d'autant plus pertinent et son utilisation efficace qu'il interviendra tôt dans le projet.

Le principe général est d'utiliser des post-it (papiers autocollants décollables et recollables) pour faciliter l'action participative. L'axe des temps est dessiné sur un mur, les semaines étant séparées par un trait vertical. La numérotation des semaines se fait de droite à gauche en partant de 1. Des lignes horizontales représentent l'espace de chaque lot pour faciliter la construction et la lecture du planning à venir.

Chaque entreprise (à laquelle il a été attribué une couleur de post-it) indique sur un post-it de sa couleur, pour chaque tâche fondamentale de son lot : le nom de la tâche, les contraintes éventuelles liées à son exécution (3 semaines de temps de séchage par exemple), ainsi que les travaux prérequis. Un post-it correspond à une semaine, donc si l'entreprise prévoit de réaliser la tâche XYZ en cinq semaines, elle préparera cinq post-it à la suite.

Une fois que toutes les entreprises auront préparé leurs post-it décrivant leurs tâches fondamentales, identifiant les contraintes inhérentes et travaux prérequis, le premier post-it (ou série correspondant à une tâche) est collé au mur, tout à fait à droite en semaine 1. Il s'agit de coller la dernière tâche dans l'exécution des travaux, s'agissant généralement du jalon de réception des travaux (un jalon se représente en collant un post-it incliné à 45°). « Nettoyage de fin de chantier » est porté sur le post-it représentant la réception. Ceci signifie que le nettoyage de fin de chantier doit être fini pour que la réception des travaux puisse avoir lieu (travaux prérequis). Le responsable du nettoyage du chantier est donc appelé à coller son ou ses post-it (selon le nombre de semaines d'intervention), à gauche du post-it « Réception ». Il lit à haute voix le ou les travaux prérequis qu'il a lui-même identifié(s) pour sa tâche nettoyage (pose appareillage par exemple), et appelle donc l'électricien qui à son tour collera ses post-it à gauche de la tâche l'ayant appelé, il appelle ensuite les travaux prérequis aux siens, et ainsi de suite… jusqu'à coller le dernier post-it, qui correspond à la situation actuelle du projet. Le résultat est une surface remplie de post-it, pouvant parfois faire tout le tour de la pièce selon la complexité, la taille et donc la durée du projet. Le nombre au-dessus du dernier post-it indique la durée brute (non optimisée) du projet.

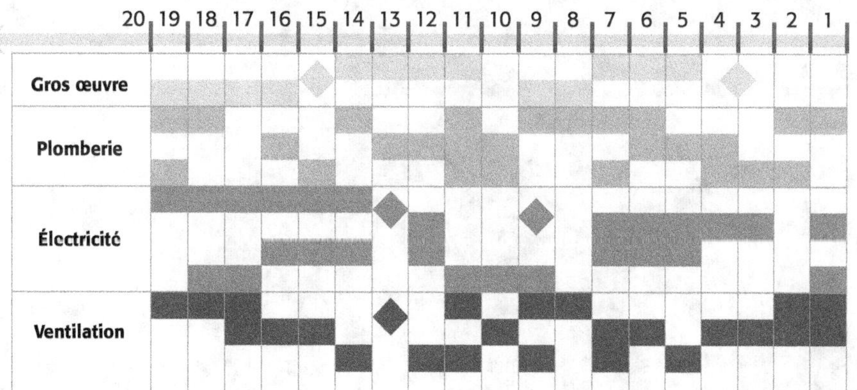

D'après Patrick Dupin, Delta Partners.

Ces post-it collés au mur représentent les barres de Gant, généralement imposées aux entreprises. Dans le schéma LPS®, les entreprises déterminent elles-mêmes les durées de leurs interventions ainsi que les contraintes et travaux prérequis. C'est là l'amorce de la responsabilisation et la sortie du schéma commande/contrôle. En règle générale, la durée trouvée par cette première phase dépasse la durée prévue par le maître d'ouvrage. Une phase de compression de planning est alors nécessaire. Sans pour autant revenir dans un schéma de commande/contrôle, les entreprises sont invitées à se challenger elles-mêmes. Chaque entreprise va ainsi tester, critiquer (constructivement) et défier les idées, principes et hypothèses des autres entreprises dans le but de trouver des sources d'optimisation du planning tout en maintenant le consensus quant au planning ainsi élaboré. Il s'agit donc de trouver des recouvrements de tâches (réalistes), de retirer une partie de la marge contenue dans certaines tâches et donc en diminuer la longueur, de jouer sur les séquences pour les optimiser sans toucher aux longueurs des tâches visées… Une règle d'or est que les post-it ne peuvent être déplacés que par le responsable des travaux. En d'autres termes, l'électricien ne peut déplacer la tâche du plombier dans le temps (ou en réduire la durée) même si cela l'arrangerait beaucoup ; il doit appeler le plombier, exposer la situation et trouver avec lui un compromis acceptable.

À l'issue de cette phase de « compression » de planning, les post-it indiquent non seulement un planning fidèle à la réalité présente du chantier, mais surtout des enchaînements et durées de tâches non imposés, ayant fait consensus auprès de tous les participants. Il sera d'autant plus aisé de les respecter qu'ils tiennent compte de la réalité telle que vécue par chacune des entreprises (contraintes et prérequis).

L'animateur LPS® peut lui-même jouer le rôle de challenger auprès des entreprises pour trouver des sources d'optimisation, mais il le fera toujours en s'adressant à l'entreprise concernée et en posant des questions du type « Est-il possible de déplacer tel ou tel post-it ? » ou bien « Peut-on plus chevaucher telle tâche avec telle autre ? ». Dans ce dernier cas, les responsables des deux entreprises concernées devront être appelés pour trouver un compromis. Il est bien entendu que, au préalable, il a été clairement spécifié, dit et redit que « Non, je ne peux pas » est une réponse tout aussi valable et constructive que « Oui, bien sûr ». L'essentiel de l'exercice est d'obtenir l'information vraie pour aboutir à un document le plus pertinent et efficace possible, dans l'intérêt de chacun.

Le résultat final peut être transcrit sur un outil de planification pour être édité et servir de base au reste de la démarche du LPS®.

3. *Look-Ahead Planning* (Déverrouillage des contraintes et prérequis)

Une fois le planning charnière réalisé avec l'ensemble des participants, il convient de suivre, une fois par semaine, l'avancement des levées des contraintes et prérequis systématiques. Pour ce faire, les entreprises sont invitées à faire état des vérifications qu'elles ont effectuées pour assurer la possibilité d'intervention pour une tâche considérée, en se focalisant sur celles contenues dans une fenêtre glissante de 6 à 8 semaines. Pour chaque tâche se rapprochant dans celle-ci, chaque entreprise prend donc soin de vérifier les points suivants :

- S'inscrit-elle dans un cadre contractuel ?
- Est-elle réalisable dans des conditions optimales de sécurité ?
- Est-elle budgétée ?
- Dispose-t-on des plans d'exécution ?
- Les plans d'exécution sont-ils validés ?
- Dispose-t-on de la main-d'œuvre pour la réaliser ?
- Dispose-t-on des matériaux pour la réaliser ?
- Dispose-t-on du matériel pour la réaliser ?
- Les travaux prérequis sont-ils réalisés ?
- La surface de travail est-elle prête ?

Tableau 7.1 Outil visuel de suivi des prérequis à l'exécution d'une tâche.
Chaque tâche figure avec sa date de début et de fin. Un indicateur rouge/orange/vert indique l'imminence du début de la tâche (correspondance : rouge = gris foncé ; orange = gris moyen ; vert = gris clair).
La réalisation de chaque prérequis (cases vertes) peut aisément être suivi ; un système de Go/NoGo (feu rouge/vert) est généré automatiquement (*«check»* dans rond vert), indiquant la possibilité d'exécuter la tâche.
Les trois tâches dans le rectangle («Gunitage», «Terrassements complémentaires» et «Gunitage et cloutage») sont prêtes à être exécutées.

Anticipation **systématique** / Points bloquants à 2 mois — Activité	Début	Fin		Contrat	Sécurité	Budget	Plans Archi	Plans Exé BPE	Main-d'œuvre	Matériel	Matériaux	Tvx prérequis	Surface prête
Tirants supérieurs	21/02	01/03	●	1	1	1	1	1		1	1	1	1
Reprise paroi existante	27/02	02/03	●	1	1	1	1	1		1	1	1	
Démolition contreforts	05/03	07/03	●	1	1	1	1	1	1	1		1	
Gunitage	08/03	09/03	●	1	1	1		1	1	1	1	1	1
Terrassement initial rampe	12/03	12/03	●	1	1	1	1	1					
Tirants inférieurs	13/03	19/03	●		1	1	1		1	1			1
Gunitage	21/02	21/03	✓	1	1	1	1	1	1	1	1	1	1
Terrassements complémentaires	05/03	23/03	✓	1	1	1	1	1	1	1	1	1	1
Gunitage et cloutage	10/03	03/04	✓	1	1	1	1	1	1	1	1	1	1
Fosse ascenseur	04/04	04/04	●	1	1				1		1		1
Terrassement initial rampe	12/03	12/03	●	1	1	1	1		1	1	1		1
Tirants inférieurs	13/03	19/03	●		1	1	1	1		1	1	1	
Gunitage	27/02	21/03	●	1	1	1	1	1	1	1		1	

La réponse à ces questions est binaire : 1 (oui) ou 0 (non), inscrite dans le tableau de suivi. Le système change la couleur des cases et indique visuellement l'état de la levée des contraintes et prérequis pour une gestion efficace des commandes, des approvisionnements, des informations et donc du projet.

4. *Production Planning* (Synchronisation des travaux)

Également appelé « *Weekly Work Plan* » pour planning hebdomadaire des travaux, le « *Production planning* » est suivi et mis à jour toutes les semaines lors de réunions de « synchronisation ». Il s'agit d'assurer la fluidité des travaux sur site, par la prise en compte des travaux réalisables par l'entreprise dans sa configuration, ainsi qu'en lien avec les travaux des autres entreprises (éviter les gênes dues aux interférences).

Une fois par semaine donc, à jour fixe, séparément de la réunion de *Look-Ahead Planning* qui peut la précéder ou lui succéder, chaque chef de chantier (*last planner*) est invité à annoncer les travaux qu'il peut réaliser et qu'il s'engage à réaliser, dans une fenêtre de deux semaines. (À noter, à ce point, que la version initiale du LPS® réalise cet exercice sur une semaine mais que deux semaines sont apparues plus pertinentes.) Donc, en réalité, à la semaine s, chaque chef de chantier confirmera ou amendera les travaux planifiés la semaine précédente ($s-1$) pour la suivante ($s+1$) et planifiera les travaux pour la semaine $s+2$, de telle manière que tout problème de synchronisation d'interface puisse être identifié avec au moins une semaine pour réagir.

D'après Patrick Dupin, Delta Partners.

L'annonce par les entreprises des travaux qu'elles « peuvent » effectuer suscite souvent des réactions des autres entreprises, des discussions s'initient alors, et des compromis doivent être trouvés. Aucun chef de chantier ne doit se sentir obligé de s'engager sur des travaux pour lesquels il a des doutes, au risque de mettre toute l'organisation du chantier en péril. « Rien n'est accepté tant que tout n'est pas acceptable pour tous. » Les informations collectées lors de ces réunions hebdomadaires sont entrées dans un tableau qui servira de feuille de route pour l'organisation et le suivi journalier des travaux de la semaine suivante. À la réunion de « *s* + 1 », les travaux annoncés, et sur lesquels les chefs de chantier se sont engagés en « *s* », sont confrontés avec ceux réellement réalisés : à la question « L'engagement a-t-il été tenu ? », seules deux réponses possibles dans un schéma binaire : 1 (oui) ou 0 (non). La moyenne de ces réponses mathématiques multipliée par 100 donne le PPC (*Pourcentage of Promises Completed*). Cet indicateur est révélateur de l'état de santé du chantier, comme décrit plus loin dans cet ouvrage, dans le chapitre traitant de la mesure de la performance Lean.

Synthèse : les 5 échanges clés du Last Planner® System

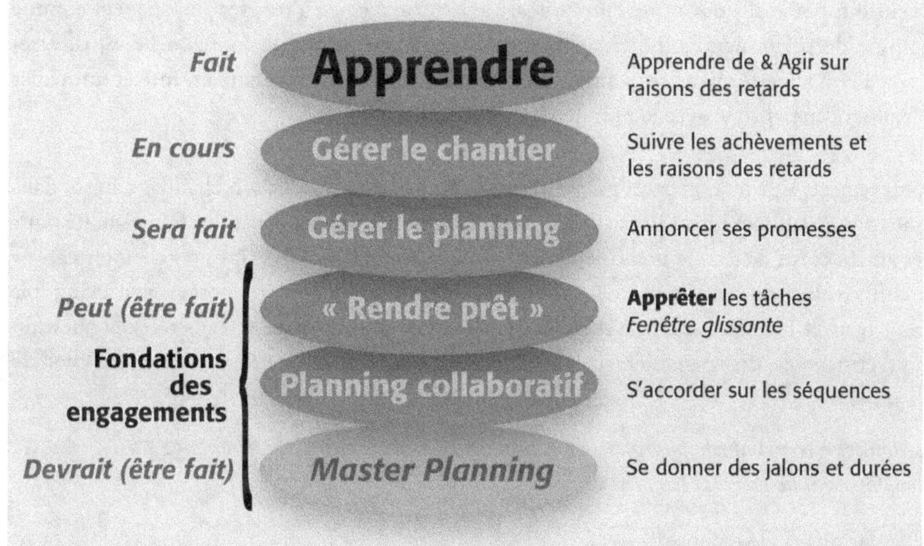

D'après Patrick Dupin, Delta Partners.

Semaine : 19

ENTREP	Activité de la semaine	Lun 5/3	Mar 6/3	Mer 7/3	Jeu 8/3	Ven 9/3	PC?	Raisons si non tenu
VINGUES	COFFRAGE DALLE RdC Zone 2A	5	2			6	1	
		5	2			6		
BOSS	COFFRAGE DALLE RdC Zone 3	2	2	2	2		0	Surface non prête
		2	2	3	2	4		
VINGUES	NETTOYER DALLE Zone 3A			3	3	3	1	
				3	3	3		
ARTHUS	COFFRAGE POTEAUX 2B	5	5	5	6		1	
		4	5	5	4			
ARTHUS	COFFRAGE POTEAUX Zone 2B	2	2	2			1	
		2	2	2				
BOSS	COFFRAGE DALLE Zone 3B		5	2			0	Matériel non disponible
			5	2	1			
BLOTTE	PREPARATION FLUIDES Zone 2B	3	5	4	5	7	1	
		3	5	4	5	7		
BLOTTE	GAINES D200 + AC Unit ZONE 3A	4		2	3		1	
		4		2	3			

5. Analyse du «PPC» et «5 Pourquoi»

Lors de chaque réunion de synchronisation, il est primordial d'alimenter la roue de la qualité en réalisant une «Analyse des 5 Pourquoi» appliquée aux promesses non tenues. Il s'agit de rechercher les causes véritables et profondes des pollutions de l'organisation, pour les traiter avant qu'elles ne deviennent récurrentes et n'impactent durablement les travaux tout au long du chantier.

Si une entreprise n'a pu tenir sa promesse, plutôt que de lever le carton rouge comme dernier avertissement avant les pénalités, il est plus constructif et surtout plus durable de travailler collectivement à corriger le problème. Cette démarche devient presque naturelle dans une organisation de chantier Lean, habituée au livre ouvert et à la collaboration. Pour l'entreprise, cacher un problème est fondamentalement mauvais pour sa propre performance, mais aussi et surtout pour celle des autres entreprises. La performance est à trouver globalement comme somme de performances individuelles; mais chaque performance individuelle est directement liée à la performance des autres maillons de la chaîne. Il y a donc un intérêt immédiat à réaliser cette analyse avec le plus de sérieux possible.

Par exemple, si le plombier n'a pas pu tenir sa promesse de réaliser son chauffage au sol dans une zone, cela a forcément impacté la possibilité de couler la chape, et donc la possibilité pour les autres corps d'états de prendre possession de la zone pour leurs travaux (chemins câbles, enduits, gaines de ventilations…). La question «Pourquoi?» doit être posée jusqu'à cinq fois pour trouver la cause profonde et réelle. L'analyse suivante est tirée de faits réels, la question doit être posée de la manière la plus ouverte, objective et neutre possible, au chef de chantier:

«Monsieur le plombier, pourquoi (1) *n'avez-vous pu terminer votre chauffage au sol dans la zone 3C comme prévu la semaine dernière?»*

Premier niveau de réponse:

«Je n'ai pas pu faire les essais de mise en pression.» *Pourquoi* (2) *?*

Deuxième niveau de réponse:

«Je n'avais plus d'isolant sur chantier.» *Pourquoi* (3) *?*

Troisième niveau de réponse:

«Mon fournisseur n'a pas pu me livrer la commande que j'attendais.» *Pourquoi* (4) *?*

Quatrième niveau de réponse:

«Il n'a pas pu accéder au chantier et est reparti.» *Pourquoi* (5) *?*

Cinquième niveau de réponse:

«Le déchargement des plaques de plâtre du plaquiste a duré toute la matinée et empêchait les autres livraisons de se faire.»

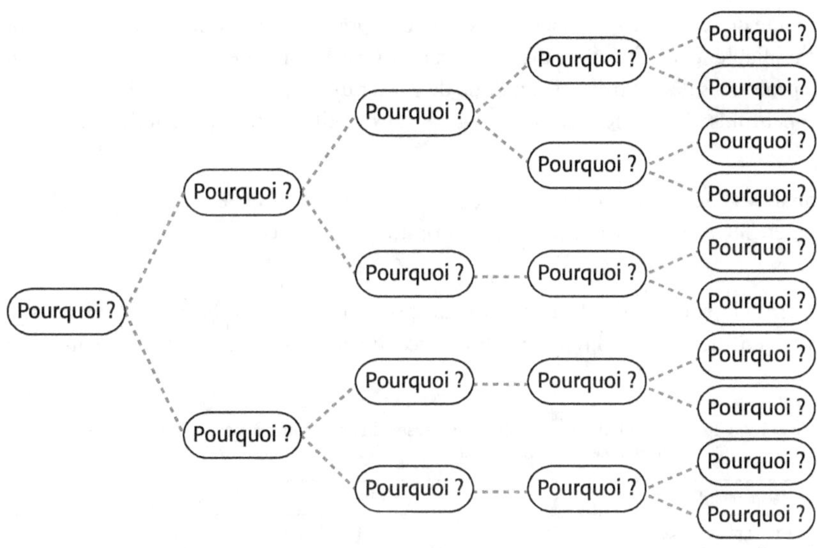

D'après Patrick Dupin, Delta Partners.

Figure 7.3 Analyse des « 5 Pourquoi ».

Cette démarche doit rester constructive et permettre de tirer des enseignements pour s'améliorer tout au long du chantier. Les questions doivent être formulées de la manière la plus neutre possible pour éviter l'effet « interrogatoire » qui est aux antipodes de la démarche des « 5 pourquoi ». Une fois les éléments de réponse collectés, chaque niveau peut faire l'objet d'une analyse complémentaire, pour proposer des axes d'amélioration. Par exemple, dès le deuxième niveau de réponse :

- *« Je n'avais plus d'isolant sur chantier. »* fait apparaître la nécessité de suivre le stock sur chantier et donc la mise en place d'une vraie stratégie de stockage comme maillon de performance ;

- *« Mon fournisseur n'a pas pu me livrer la commande que j'attendais. »* : la commande aurait-elle pu être faite avant ?

- *« Il n'a pas pu accéder au chantier et est reparti. »* A-t-il prévenu l'équipe du chantier pour décharger à un endroit alternatif ? Les fournisseurs doivent également faire partie intégrante du système Lean en collaborant à la mise en place d'un flux continu ;

- *« Le déchargement des plaques de plâtre du plaquiste a duré toute la matinée et empêchait les autres livraisons de se faire. »* Voilà le fond du problème. Le plaquiste n'a pas suivi son planning de livraison (sa livraison devait intervenir le lendemain) et a donc bloqué l'accès intérieur au chantier. Bien souvent, anticiper une action ou une tâche génère plus de pollution organisationnelle au niveau du projet global que de véritable gain de temps.

Le chauffage au sol ne pourra donc être terminé qu'une fois la commande prise à nouveau en compte dans la logistique du livreur et réacheminée sur chantier ; ce qui repousse la fin du chauffage au sol d'au moins quelques jours, voire d'une semaine. Le plaquiste lui-même sera pénalisé par ce retard car il se trouvera dans l'impossibilité de réaliser ses enduits comme prévu.

À la lumière de cette analyse, chacun se rendra compte sur chantier de la nécessité d'annoncer des tâches fiables et de s'y tenir sans « faire sa cuisine » de son côté. L'analyse systématique des raisons profondes des retards permet donc de garder un haut niveau d'engagement et d'éviter les désynchronisations dues à des initiatives personnelles contre-productives au niveau du projet.

Cette analyse génère le pourcentage de Tenue des Promesses (PPC en anglais, pour *Pourcentage of Promises Completed*) ainsi que, par catégorisation, les sources principales de non-tenue des promesses.

Un système de code-chiffre facilite cette catégorisation et donc la mise en place d'actions correctives en vue de traiter en priorité les sources de pollutions devenant fréquentes ou récurrentes :

Tableau 7.2 Catégorisation et quantification des causes de non-tenue des engagements et repérage des entreprises (E1 pour « Entreprise 1 », E2 pour « Entreprise 2 »...).

1	Matériel en retard ou défectueux	E1	E1	E1	E1	E2	E2	E2	E2	E2	E3	E3	E3	E3
2	Élément du planning collaboratif non tenu	E1	E1	E2	E2	E2								
3	Interface avec un (ou plusieurs) corps de métier	E1	E1	E1	E1	E1	E1	E2	E2	E2	E2	E3	E3	
4	Travaux prérequis non identifiés	E2	E2	E2	E3	E3	E3	E3						
5	Changement par le client	E3												
6	Manque de main-d'œuvre													
7	Surestimation de ce qui peut être réalisé	E1	E1	E1	E1									
8	Non-qualité nécessitant une reprise partielle ou totale													
9	Information en retard ou incomplète	E1	E1	E1	E1	E1	E1	E2	E2	E2	E2			
10	Influence extrinsèque													
11	Météo													
12	Autre	E3												

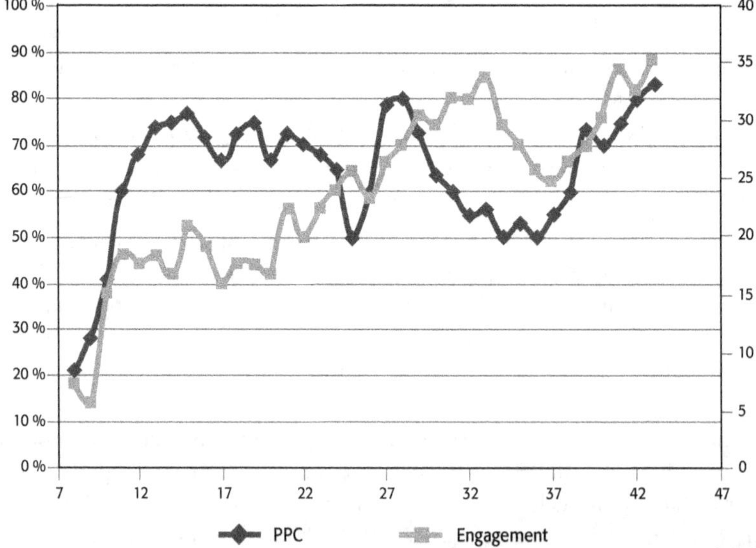

D'après Patrick Dupin, Delta Partners.

Figure 7.4 Graphique du % d'engagements réalisés (PPC) et du nombre d'engagements pris (Engagement), par semaine (numéro de semaine en abscisse).

7.1.5 En résumé

Le LPS® est un outil qui force la collaboration en réunissant toutes les entreprises autour du planning, et identifie les points bloquants en avance, pour coordonner les travaux des entreprises dans l'espace et dans le temps.

Le LPS® est un « système de contrôle de la production » dans lequel le « dernier planificateur » (*Last Planner*) est à celui qui réalise le travail à une étape donnée (le concepteur, le fournisseur, le sous-traitant, l'installateur, le producteur, le client « utilisateur »). C'est donc lui qui est le mieux placé pour communiquer le travail à exécuter, le planifier et éventuellement en contrôler l'exécution. Pour permettre l'implication optimale de tous les « derniers planificateurs » d'un projet, le LPS® utilise quatre approches de base.

- La planification *participative*

  Celui qui fait le travail est celui qui tient les promesses, « Non, je ne peux pas » est une réponse valable dans le challenge permanent de la part des autres « *Last Planners* ».

- Traitement *collaboratif*

  Les informations sur les intrants et extrants livrés par chaque responsable de lot sont partagées (pour éviter les attentes inutiles dues à une mauvaise compréhension des prérequis et interdépendances).

- Le « *last planner* » est directement responsable du suivi et du contrôle de son travail.

  C'est généralement le chef de chantier de chaque lot (ou le chef d'équipe, voire le conducteur de travaux s'il est réellement impliqué dans le suivi quotidien du chantier).

- Les réunions *systématiques*

  « Ce qu'il reste à faire » en temps réel. Sont de mise afin de s'adapter, collectivement et au même rythme, aux changements inévitables en cours de projet (l'impact des changements sur les intrants et extrants est connu de tous, et ce en continu).

Note : L'utilisation et l'application du système Last Planner® est libre de droit dans la mesure où les grandes étapes sont respectées et suivies. Chacun pourra adapter ses outils à son environnement et à ses contraintes. Nous avons présenté les outils utilisés au quotidien par Delta Partners sur ses chantiers, pouvant différer d'une entreprise à l'autre. L'application d'une partie seule du système ne peut être qualifiée de Last Planner®, il convient plutôt dans ce cas d'utiliser le terme « planning collaboratif ».

7.2 « 5S » appliqué au chantier

L'application de la méthode des 5S permet de construire un environnement de travail *ad hoc* : fonctionnel et régi par des règles simples, précises et efficaces. Nous adaptons ces règles en fonction des spécificités propres des opérations de chacun de nos clients. Nous intervenons ensuite pour faire tourner la roue de l'amélioration continue.

Premier S, Seiri

Signifie en français « débarrasser ». Tout objet cassé, abîmé ou inutile doit être mis à la poubelle. La plupart des gens gardent des choses qui n'ont aucune utilité et qui polluent l'espace commun.

Deuxième S, Seiton

Signifie en français «mettre en ordre». Chaque chose doit avoir une place, à chaque place correspond une chose. Le but est d'organiser un grand rangement utile, de définir les emplacements de chaque objet en créant un «rangement visuel» du même type que celui d'un mécanicien pour lequel le contour des outils est dessiné sur le tableau de rangement.

Troisième S, Seiso

Signifie en français «nettoyer». Maintenant que la zone est libérée des encombrants et ordonnée, un bon ménage rendra le secteur plus propre. Il est d'autant plus facile à faire que les deux étapes précédentes sont réalisées.

Quatrième S, Seiketsu

Signifie en français «maintenir propre». Cette étape consiste à rendre durable ce chantier d'amélioration continue, en s'obligeant à faire l'état des lieux de la zone régulièrement, avec les personnes utilisant cet espace, afin d'y maintenir un ordre permanent.

Cinquième S, Shitsuke

Signifie en français «rigueur». Cette étape a pour but de créer un audit par une personne étrangère à la zone, afin de déterminer les améliorations supplémentaires à réaliser, toujours dans l'esprit d'augmenter les performances.

Des allées de circulations et des zones de stockage sont tracées au sol dès séchage de la dalle, et le mobilier chantier est sur roulettes pour limiter les demandes de grue. Les flux sont optimisés.

Figure 7.5 Illustration de traçages d'allées de circulations, de zones de stockage et de zones devant rester libres.

7.3 *Value Stream Mapping* (VSM)

La VSM, *Value Stream Mapping* ou cartographie des flux de création de valeur, est un outil visant à représenter graphiquement les étapes réelles de l'ensemble des processus et procédés par lesquels les flux de production vont passer. Un processus est un ensemble d'étapes allant du fournisseur au consommateur. Un procédé est l'étape centrale du processus par lequel la transformation (valeur ajoutée ou non-valeur ajoutée) va avoir lieu.

Tout processus est alimenté par un fournisseur (*Supplier* = **S**) qui envoie des intrants (*Inputs* = **I**) à travers un procédé (*Process* = **P**) qui les transforme en extrants (*Outputs* = **O**) pour la livraison à un client/utilisateur (*Customer* = **C**). Tout processus suit donc un cheminement logique allant du fournisseur à l'utilisateur (SIPOC) :

D'après Patrick Dupin, Delta Partners.

Des clients/utilisateurs (C) alimentent généralement un autre procédé, ces mêmes clients (C) deviennent donc, à leur tour, fournisseurs (S) :

D'après Patrick Dupin, Delta Partners.

Enfin, chaque procédé de transformation (*Process*) contient, lui-même, des étapes (A, B, C, D, E, F) à travers lesquelles les intrants vont passer.

D'après Patrick Dupin, Delta Partners.

Comment, dans ce cas, s'assurer que tous les processus et procédés de nos opérations sont optimisés (débarrassés de leurs gaspillages et NVA) ? C'est là tout l'enjeu de la réalisation d'une VSM qui recense l'ensemble des activités :

- celles créant de la valeur ajoutée (VA) ;
- celles sans valeur ajoutée (NVA).

La VSM permet de représenter les activités, les flux de matières et d'informations, et d'établir un diagnostic de l'état actuel (puis futur), en vue d'alimenter les réflexions et actions de la démarche Lean.

Les 4 grandes étapes d'une VSM

La VSM (*Value Stream Mapping*) recense l'ensemble des activités (à valeur ajoutée et sans valeur ajoutée), nécessaires à la transformation des matières premières et informations en produit à livrer au client utilisateur final.

1. Définir le périmètre de l'analyse

Selon les besoins et les problèmes identifiés, une VSM peut être réalisée à différents niveaux d'une organisation :

- niveau stratégique (Macro) : processus complet, à l'échelle d'une ou plusieurs entreprises ;
- niveau opérationnel (Micro) : processus de fabrication d'un produit précis dans un atelier, une usine ;
- niveau de détail (Hyper-Micro) : analyse d'un mode opératoire, d'une opération précise.

La réalisation d'une VSM est avant tout un acte participatif et collaboratif, et rejoint en cela les autres outils Lean Construction, en intégrant dans cette démarche des ouvriers, des chefs de chantiers, des conducteurs de travaux, des fonctions support et l'animateur Lean, qui peut être interne à l'entreprise (sponsor) ou bien externe (consultant). Dans tous les cas, une vision externe ayant des «lunettes (encore) propres», elle permettra de gagner en pertinence et de réduire les délais de la VSM, pour des résultats plus rapides et généralement plus importants.

Il peut, en effet, exister une différence (très significative) entre le processus imaginé, ce qu'il est vraiment et ce qu'il pourrait (devrait?) être :

- Représentation du processus tel qu'on l'imagine

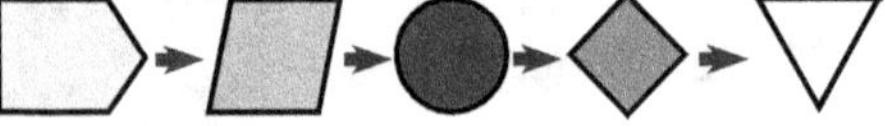

D'après Patrick Dupin, Delta Partners.

- Représentation du processus tel qu'il est vraiment

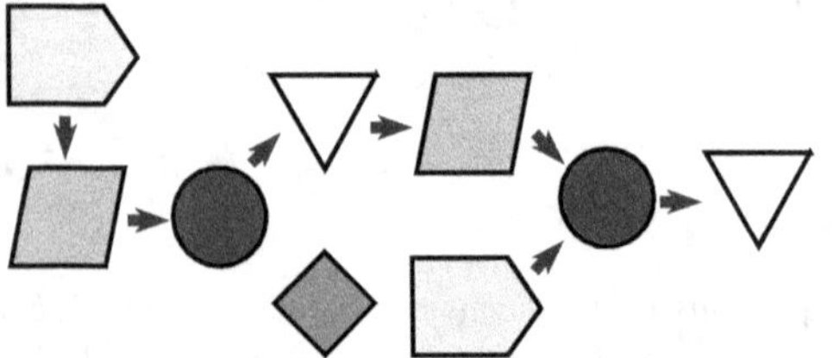

D'après Patrick Dupin, Delta Partners.

- Représentation du processus tel qu'il pourrait (devrait?) être

D'après Patrick Dupin, Delta Partners.

2. Cartographier l'état actuel

Bottes, casque, lunettes propres, appareil photo, chronomètre, calepin et stylo (en plus d'un cerveau connecté) sont tout ce qu'il faut pour réaliser une VSM.

Sur chantier, pour le poste à étudier (processus), il s'agit de relever l'ensemble des opérations réalisées pour effectuer ce processus :

- temps de travail (à la seconde) ;
- temps d'attente (à la seconde) ;
- stocks et matériaux entreposés sur le poste ;
- modes de manutention ;
- problèmes de sécurité et contraintes ergonomiques ;
- flux de matériaux, d'hommes et d'outillages.

La cartographie du processus est d'abord réalisée à la main (papier A0, post-it et feutres), les tâches sont notées et distinguées en deux catégories : celles qui créent de la valeur ajoutée (VA) et celles qui n'en créent pas (NVA), faisant apparaître les sources de gaspillages.

Des opportunités d'améliorations sont ainsi déjà identifiées.

Pour dessiner sa cartographie des flux

- Commencer par la fin en représentant le « client » (qui peut être une équipe d'ouvriers, une entreprise sur le chantier, l'architecte, le bureau d'études…) – identifier le client, c'est répondre à la question : *« qui utilisera mon ouvrage immédiatement après moi »* –, et représenter chaque étape en remontant vers le fournisseur.

Exemple : Etat initial

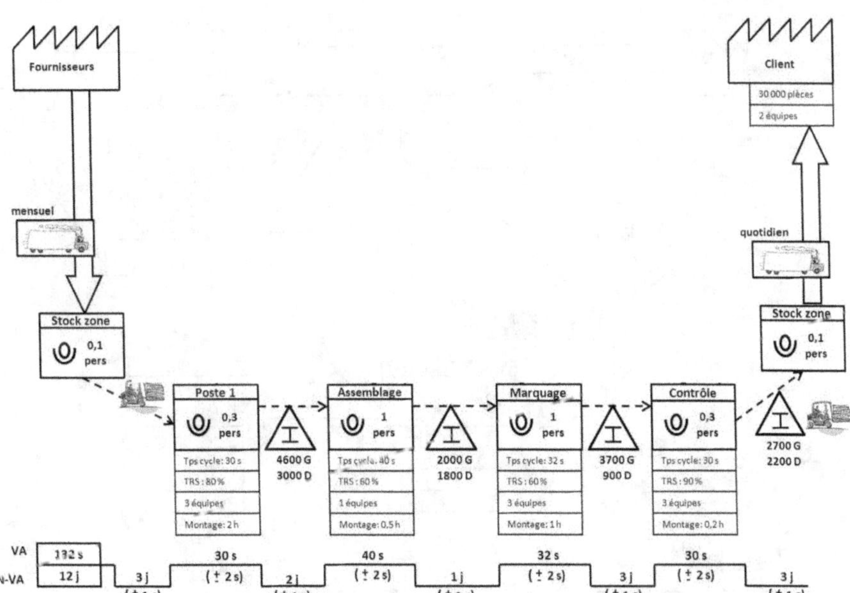

D'après Akeoplus, 2010.

- Dessiner les flux de matériaux (y compris les stocks).

Exemple: Etat initial

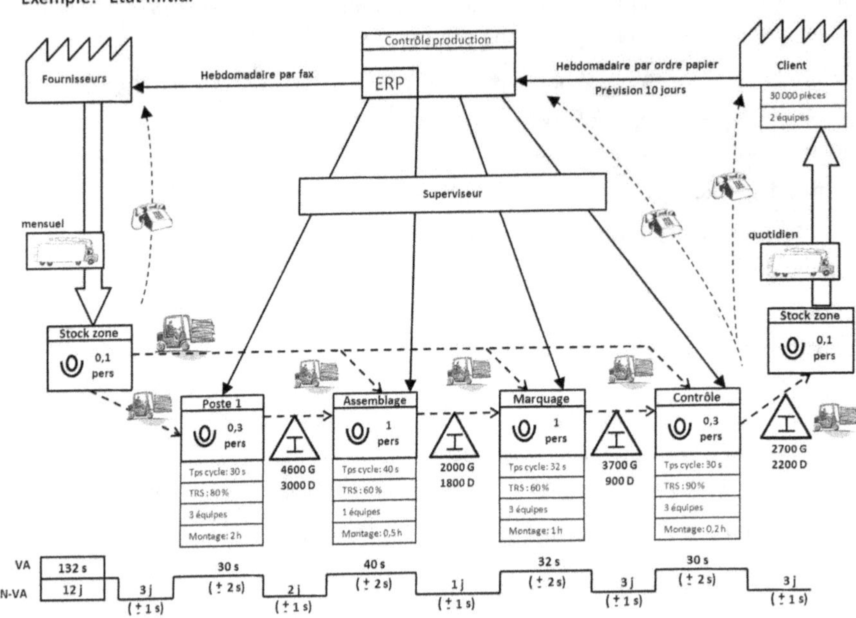

D'après Akeoplus, 2010.

- Dessiner la situation actuelle, en incluant les flux de matières et d'informations, et compléter avec les temps de passage d'un stade à l'autre et la valeur ajoutée.

Exemple: Etat futur

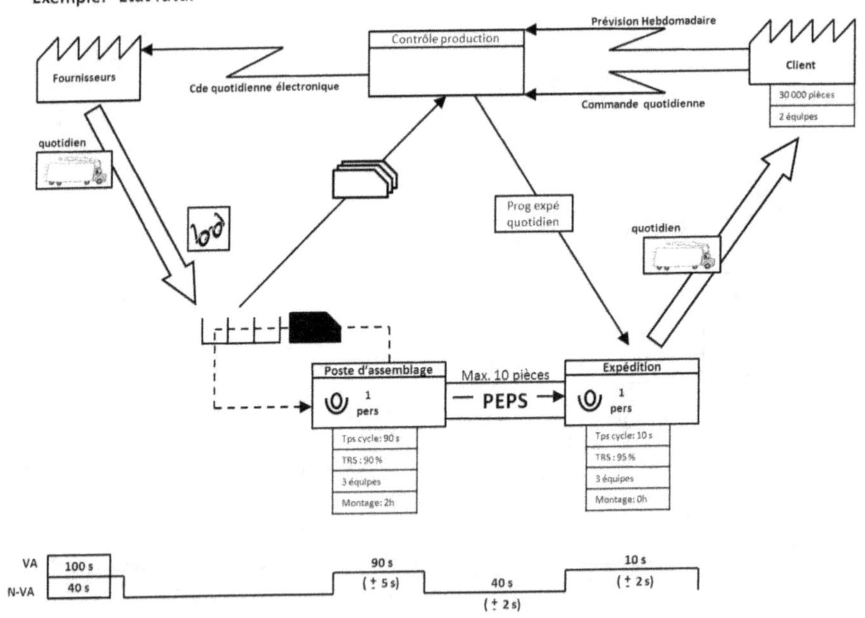

D'après Akeoplus, 2010.

- Terminer en identifiant les points sensibles pouvant être optimisés.

Exemple: Etat futur

D'après Akeoplus, 2010.

3. Développer l'état futur

Une fois la cartographie actuelle réalisée, les principales contraintes ralentissant le flux et/ou ne générant aucune valeur (NVA) étant identifiées, il convient de la modifier :

- déplacer des postes : (en déplacer certains, en supprimer d'autres) pour ne garder que les étapes à valeur ajoutée (VA) ;
- supprimer les étapes non réellement indispensables ;
- optimiser les flux : standardiser, travailler sur les zonings, créer des stocks tampons ;
- mettre en place un management visuel permettant un contrôle rapide de la situation.

4. Changer l'état actuel en état futur

Le groupe de travail définit le plan d'action à mettre en place pour transformer le processus actuel en processus futur.

Les actions découlent ainsi directement de l'état futur défini à l'étape précédente. Elles sont priorisées en fonction de leur impact et de leur facilité de mise en œuvre. Le pilote Lean coordonne le déploiement du plan d'action qui commence immédiatement.

7.4 Zoning, *Takt Time* et cartes kanban

Augmenter les ressources pour diminuer le délai peut être une bonne source d'inspiration, mais encore faut-il mettre une organisation *ad hoc* en place pour éviter que 3 + 1 = 3 voire 2 ; d'autant plus qu'en France le coût de la main-d'œuvre représente une part significative du coût global des opérations. La méthode du microzoning permet de charger le chantier en ressources à un niveau bien supérieur par rapport à un schéma classique, sans pour autant qu'elles ne se gênent dans l'exécution de leurs tâches. Chaque entreprise travaille dans une zone dédiée, et est responsable de son état de propreté et de sa tenue générale. Plus d'ouvriers, dans ce schéma, signifie plus de chiffre d'affaires réalisé dans la journée. Puisque le chiffre d'affaires du chantier ne varie généralement pas de manière significative, les délais sont mécaniquement réduits et, par conséquence, les marges opérationnelles augmentées.

Dans le cas de la construction d'un hôtel de 5 niveaux (4 étages), dans lequel cinq corps d'état interviennent pendant quatre semaines, le temps nécessaire à la construction du rez-de-chaussée (RdC) est de vingt semaines (quatre semaines pour chacun des cinq macro-lots) et le bâtiment est terminé en trente-six semaines.

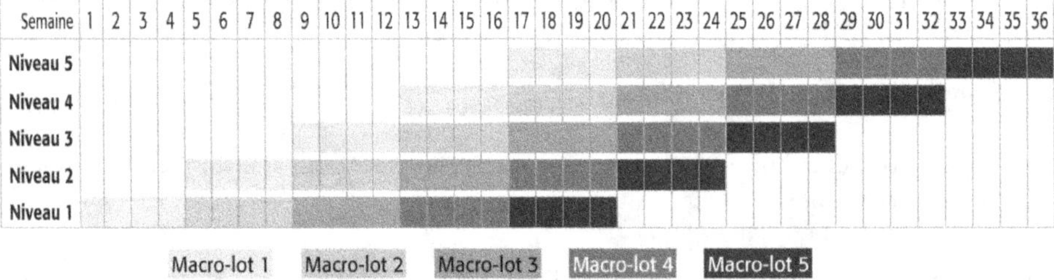

D'après Patrick Dupin, Delta Partners ; adapté de Alan Mossman, The Change Ltd, Lean Construction Journal, 2010.

Diviser les étages en quatre zones permettra d'augmenter le rythme de travail sans pour autant surcharger le chantier en ressources. Ainsi, le rez-de-chaussée sera fini en huit semaines (contre 20 précédemment), et le bâtiment complet en vingt-quatre semaines (contre 36 précédemment), soit avec douze semaines d'avance (−33 %).

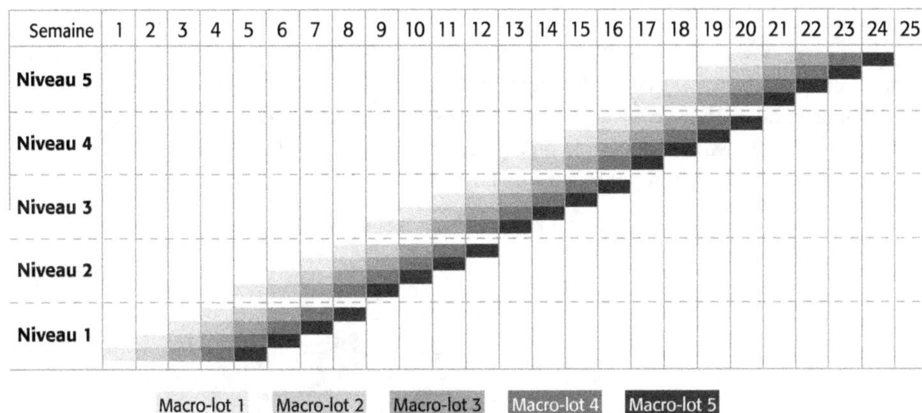

D'après Patrick Dupin, Delta Partners ; adapté de Alan Mossman, The Change Ltd, Lean Construction Journal, 2010.

Dans le cas où le même chantier aurait 10 lots principaux (ce qui est plus proche de la réalité), chaque lot gardant sa cadence de travail (4 semaines par étage), le rez-de-chaussée serait terminé en 40 semaines et l'immeuble en 56 semaines. Si le principe des zones est appliqué dans cette configuration, qu'il est constitué de 4 zones par niveau, le rez-de-chaussée sera terminé en 13 semaines (contre 40) et le bâtiment en 29 semaines (contre 56). Le délai d'exécution est presque diminué de moitié sous l'effet du travail en zones.

Les entreprises passent d'une zone à l'autre comme un enfant saute d'une case de marelle à l'autre, le flux est continu et ne s'arrête qu'à la fin du chantier.

Les zones sont définies au début du chantier en fonction des ressources allouables par les entreprises et des contraintes intrinsèques du chantier, puis repérées sur un plan. Des flèches indiquent clairement l'ordonnancement entre zones et le cheminement à suivre. Des points hebdomadaires permettent de suivre l'avancement de chaque zone et d'ajuster les rythmes de travail pour éviter les « appels d'air » ou « recouvrements » trop importants entre les travaux de deux zones contiguës. En d'autres termes, chaque entreprise doit pouvoir ajuster ses ressources et donc son rythme de travail pour éviter les effets « accordéon », à l'image des bouchons de circulation automobile qui se compriment et se décompriment sans cesse. Le flux doit être le plus constant possible.

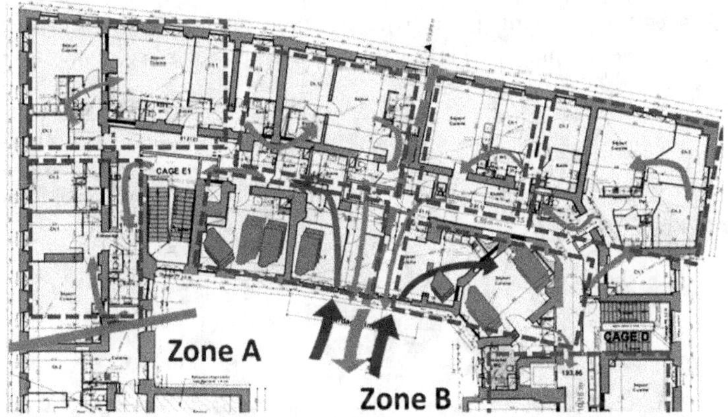

Figure 7.6 Illustration du microzoning et modélisation des flux sur chantier.

Si une entreprise rencontre des difficultés dans la réalisation de ses travaux, comme c'est le cas pour le macro-lot 2 dans l'exemple qui suit, les autres entreprises ne peuvent continuer leurs travaux, et le macro-lot 2 devient la contrainte principale limitant tout le flux sur chantier. Les spécialistes de la Théorie des Contraintes utiliseraient le terme de « goulot ». Si les travaux du macro-lot 2 nécessitent deux fois plus de temps que prévu (deux semaines par zone), le bâtiment sera livré en 44 semaines, comme montré sur la représentation graphique.

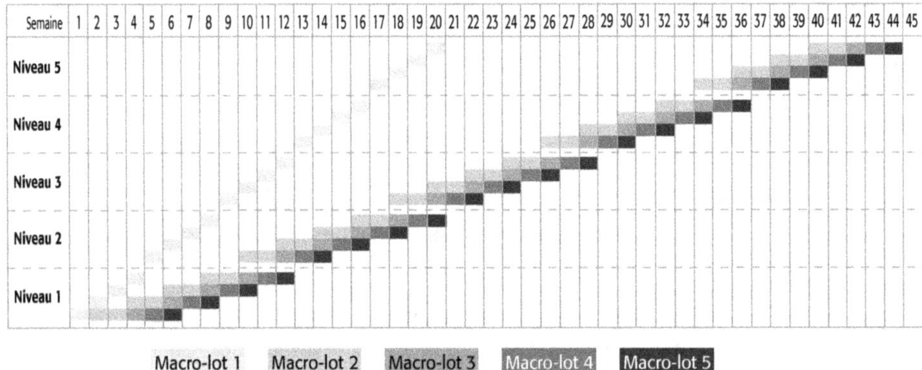

D'après Patrick Dupin, Delta Partners ; adapté de Alan Mossman, The Change Ltd, Lean Construction Journal, 2010.

Cette représentation graphique est en réalité juste mathématiquement mais fausse en pratique. À y regarder de plus près, les macro-lots 3, 4 et 5 devraient intervenir toutes les deux semaines, ceci pour une semaine, ce qui, dans la vie réelle d'un chantier et surtout d'une entreprise, est ingérable et totalement inenvisageable.

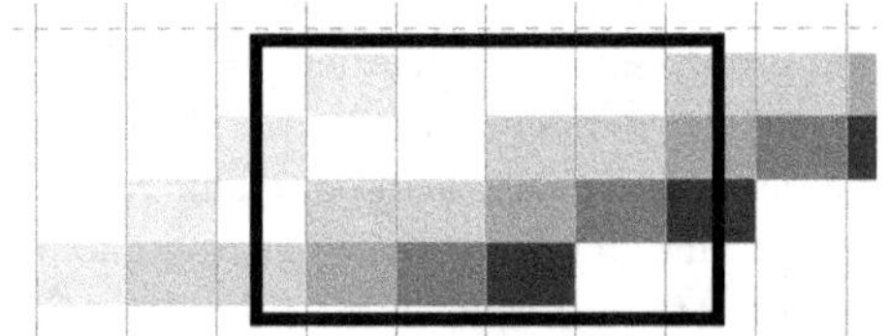

La solution pour débloquer cette situation, qui met en péril l'ensemble du chantier, est que le macro-lot 2, qui ne réussit pas à maintenir le rythme avec son équipe en place, renforce avec une équipe supplémentaire. Chacune des deux équipes travaillera sur une zone. Ce faisant, les macro-lots 3, 4 et 5 reprennent une activité continue sur le chantier, qui se termine en 25 semaines au lieu des 24 prévues si le macro-lot 2 avait pu tenir la cadence des autres.

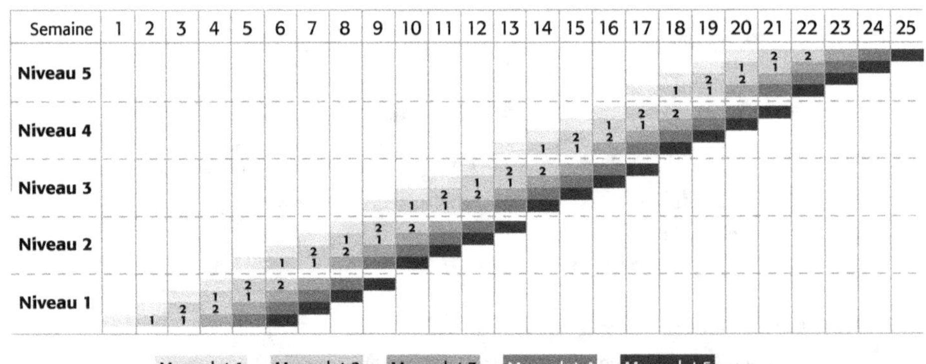

D'après Patrick Dupin, Delta Partners ; adapté de Alan Mossman, The Change Ltd, Lean Construction Journal, 2010.

Le surcoût pour le macro-lot 2, encadrement et logistique, est négligeable au regard du risque de pénalités auquel il s'exposait.

Zoning et allocation des ressources vont de pair ; trouver un juste milieu collectivement est rendu possible par le contexte Lean. Les entreprises gagnent en temps unitaire et les maîtres d'ouvrage peuvent exploiter leur ouvrage plus rapidement.

7.5   Management visuel

Dans le cas du management visuel, une seule règle d'or : «le plus simple, c'est le mieux». Le développement de systèmes visuels, signalétique de couleur aux extrémités des barres d'acier en fonction des diamètres, repérage de la position des outils par leur spectre sur des panneaux verticaux et tous les autres moyens visuels utilisables sur un chantier sont autant d'opportunités d'appliquer une démarche simple et efficace, nécessitant une réflexion en amont, souvent à l'origine d'élimination d'autres gaspillages. Le classement des informations dans des classeurs idoines est un bon exemple. Chaque opération donne lieu à des dizaines de kilogrammes de papier qu'il faut classer pour pouvoir les retrouver rapidement. Chaque classeur contient des intercalaires permettant en un coup d'œil de rechercher dans la section voulue. Mais le risque de ne pas trouver *le* classeur dans lequel se trouve le précieux document n'est pas négligeable, surtout si le projet a nécessité l'emploi d'un nombre important de ces classeurs. Voilà donc qu'il faut passer en revue chacune des tranches des classeurs pour finalement s'apercevoir que le classeur voulu n'est pas à sa place. *Depuis quand ? Aurais-je pu le voir avant de chercher inutilement ?*

Pour pallier cette situation, un système simple de bandes de couleur suivant virtuellement la diagonale d'un bout à l'autre de l'alignement des classeurs permet une vérification visuelle immédiate. Si la bande formée par les classeurs est continue d'un bord à l'autre, tous les classeurs sont présents, dans le bon ordre. Le classeur contenant l'information recherchée est donc aisément trouvable. Si un classeur manque, le vide ainsi que la brisure de la ligne virtuelle indiqueront immédiatement son absence. Si tous les classeurs sont présents, mais pas ordonnés correctement, le fouillis dans les bandes de couleur incitera à les ranger correctement.

Ainsi, plus jamais de temps perdu à chercher le bon classeur !

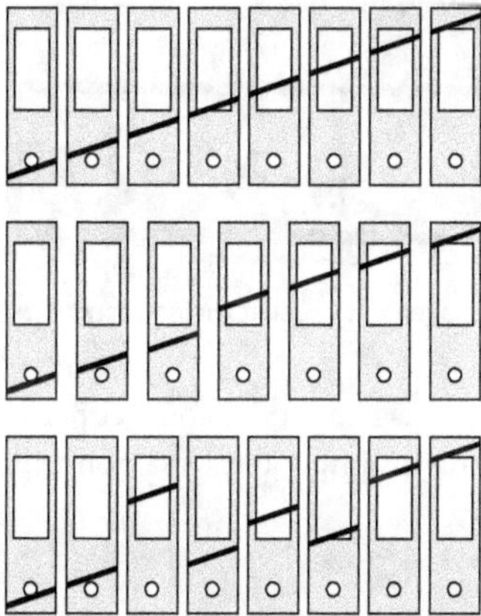

D'après Patrick Dupin, Delta Partners.

Figure 7.7 Illustration du management visuel à l'ordonnancement spatiale des classeurs.

Cette démarche simple à mettre en place peut être appliquée au stockage sur chantier pour s'assurer que tous les éléments nécessaires au travail sont (toujours) présents et en quantités suffisantes. Le haut des banches peut être peint d'une couleur différente par largeur ; des cartes de couleur (vert, jaune, rouge) peuvent apparaître à mesure que le stock se vide (particulièrement utile pour le petit matériel), assurant ainsi la liaison avec les cartes kanban ; les matériaux reçus sur chantier (spécialement pour le second œuvre) peuvent se voir accoler une étiquette de couleur correspondant à une zone précise, après avoir été contrôlés, et ainsi être plus facilement distribués sans risque d'erreur…

Disposer tous les matins des petits aimants, de couleurs différentes en fonction des effectifs des entreprises, sur un plan du bâtiment accroché au mur (avec une intercalaire métallique) permet en un seul coup d'œil de connaître la localisation prévisionnelle de travail de chaque entreprise (en plus d'être un outil collaboratif de planification), et donc de vérifier la bonne tenue des travaux. Pour aller plus loin, une fois que le pli de la réunion matinale est pris, il suffit d'ajouter des cartes plastifiées, mentionnant l'équipe ainsi que les travaux prévus pour la journée, et de faire un point en fin de journée en marquant la carte en vert si les tâches sont réalisées, ou en rouge si ce n'est pas le cas. Le lendemain matin, les équipes ont un visuel direct sur l'état d'avancement, donc des zones libérées et des travaux qu'il est possible de réaliser. Les cartes sont alors mises à jour, et le cycle peut recommencer. Le management visuel se décline donc par une infinité de solutions ; il suffit de quelques outils simples (feutres, pastilles aimantées, scotch, peinture vive, plastifieur…) et d'utiliser sa créativité.

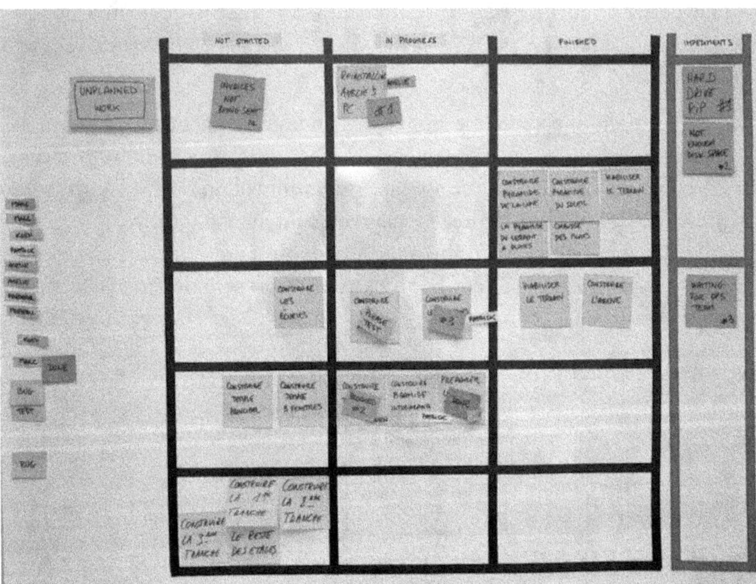

Figure 7.8 Illustration de management visuel et zoning chantier.

Certains voient dans la mise en place de ce management des coûts et pertes de temps importants, mais quels sont les coûts et pertes de temps imputables à sa non-utilisation ?

7.6   Contrat d'alliance

Le contrat d'alliance représente une nouvelle façon d'aborder les relations contractuelles ; il s'applique parfaitement en complément (ou en base) d'autres outils Lean Construction. Le principe général est de sortir du système de gain au détriment d'autrui, au profit d'un système collaboratif de contrat.

Le prix demandé par une entreprise pour des travaux contient une grande proportion de coûts directs (déboursés secs de matériel, de matériaux, de main-d'œuvre, d'encadrement, de location…), des frais spécifiques (engins de levage, outils particuliers, location de voiries…), auxquels viennent s'ajouter les frais généraux et la marge de l'entreprise. Dans le cadre de la mise en place d'un contrat d'alliance, le maître d'ouvrage consulte les entreprises sur la base du montant de leurs coûts directs et des frais spécifiques. Le choix pouvant se faire traditionnellement en retenant le moins-disant ou le mieux-disant. Le maître d'ouvrage garantit le paiement de ce montant à l'entreprise, généralement au prorata de l'avancement mensuel sur présentation des situations travaux. Quoi qu'il arrive, l'entreprise est donc certaine de voir ses coûts directs et ses frais spécifiques couverts.

Une clause totale de non-recours est généralement adossée au contrat d'alliance, pour écarter tout jeu de bluff ou tentation de revenir au schéma classique. La contrepartie de cette tranquillité (y compris financière) est que le maître d'ouvrage demande à l'entreprise de travailler à optimiser la conception et à réduire le délai du chantier. L'entreprise peut d'autant mieux se concentrer à la recherche d'optimisation qu'elle est couverte financièrement, et que l'intérêt de faire baisser les coûts directs est commun.

Les gains par le delta avec les coûts couverts au début du contrat sont en effet partagés avec le maître d'ouvrage selon la proportion définie dans le règlement de consultation. L'entreprise peut donc doubler son niveau de marge par ce biais, tout en satisfaisant son client. Pour le client, le coût final et le délai seront moins importants que prévus.

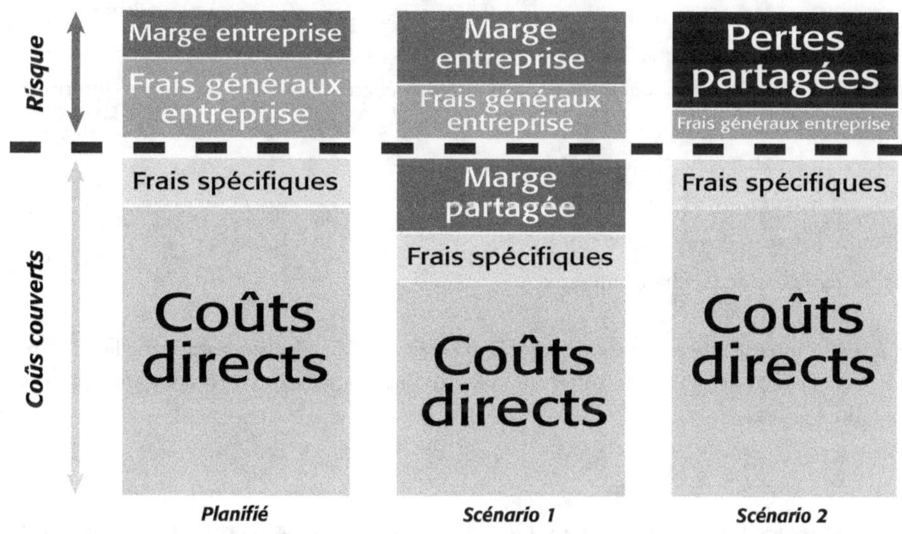

D'après Patrick Dupin, Delta Partners.

Figure 7.9 Schéma de principe du partage des gains et de la peine.

Si l'entreprise reste dans le cadre classique et n'alimente pas le schéma vertueux du contrat d'alliance, ou pire essaye de profiter de la situation pour augmenter le budget, le coût supplémentaire par rapport au budget initial (pertes) sera également partagé entre le maître d'ouvrage et l'entreprise, dans une proportion initialement prévue dans l'acte d'engagement.

Le contrat d'alliance est un système de partage de la peine et du gain ; il jette les bases de saines relations contractuelles en levant une grande part du risque financier et en permettant ainsi à toutes les parties de se concentrer sur l'optimisation du projet.

En Australie, 317 chantiers ont été réalisés sous la forme de contrats d'alliance[1] entre 1996 et 2011 (routier, hôpitaux, lycées et social) ; allant de quelques centaines de milliers d'euros à plus d'un milliard de chiffre d'affaires travaux. Sur les 30 derniers chantiers publics ainsi réalisés :

- 83 % des projets en contrat d'alliance se sont terminés sous le budget initial, économisant entre 1 % à 29 % ;

- 17 % des projets en contrat d'alliance se sont terminés au-dessus du budget initial, le dépassant de seulement 3 % à 6 % ;

- les délais ont été réduits en moyenne de 37 %, ce qui correspond à une économie de 0,5 à 18 mois selon les projets.

7.7   SMED

Le SMED signifie littéralement *« Single Minute Exchange of Dies »*, ce qui peut être traduit par : « changement rapide d'outils ». Cette méthode, qui concerne le changement rapide d'outillage, a pour objectif d'éliminer le gaspillage du stock. En effet, en augmentant la fréquence de changement, le niveau de stock diminue. De plus, si les temps de changement de séries sont réduits au maximum, on peut alors envisager une fabrication à l'unité sans augmenter les coûts. Shigeo Shingo a pris plus de 19 ans pour développer le SMED pour le compte de l'entreprise Toyota[2]. La méthode SMED se déroule en plusieurs phases :

1. dresser la liste des phases actuelles et des délais : séparer les phases de réglage interne et externe ;

2. convertir les phases de réglage interne en externe ;

3. réduire le temps de réglage interne ;

4. réduire le temps de réglage externe ;

5. éliminer le besoin de changement.

Les activités internes sont toutes les activités qui doivent être effectuées alors que l'opération est arrêtée. Les activités externes sont toutes les activités qui peuvent être accomplies alors que l'opération s'effectue.

---

1. Brain Noble dans le Rapport Annuel de l'Agence Infrastructures Routières d'Australie de l'Ouest (*Main Roads Western Australia Annual Report*), 2012.
2. *A Revolution in Manufacturing : The SMED System*, Shigeo Shingo, Productivity Press Inc., États-Unis.

CHAPITRE 8

Comment mesurer la performance Lean ?

Tout déploiement Lean s'appuyant sur une démarche scientifique, la mesure des différents états doit être une préoccupation centrale et maintenue tout au long du processus, ou, en d'autres termes, faire durablement partie intégrante du processus de gestion de projet. L'utilisation d'outils tableurs informatiques facilite grandement la saisie et le traitement des données, spécialement dans le cadre d'une démarche Lean en général et de l'application du Last Planner® System en particulier.

Le premier indicateur de performance Lean est le PPC (*Pourcentage of Plan Completed*) ou taux de réalisation des engagements d'une semaine à l'autre. Il n'est pas rare d'observer un PPC de moins de 20 % lors de la première mesure, mettant en lumière le faible niveau de fiabilité du planning, mais également la marge de progression. Après quelques mois de déploiement Lean, les engagements de travaux s'affinent, les opérations sur chantier se fluidifient, la variabilité diminue et la fiabilité des prévisions augmente, tout comme le PPC, qui s'établit aux alentours de 60 %. Cette augmentation est considérable. Le chantier a débuté avec moins de 20 % des tâches à une semaine tenues telles qu'annoncées, plus de 80 % de ce qui est réalisé sur chantier n'étant pas planifié, donc improvisé. Comment trouver de la performance dans l'improvisation ? 60 % de PPC signifie que plus de la moitié des tâches sont réalisées telles que prévu d'une semaine à l'autre, et que la part de l'improvisation n'est plus majoritaire.

La mise en place d'outils Lean complémentaires tels que le microzoning, la préparation à J–1, les cartes kanban et le *Takt Time*, aide au passage au palier supérieur jusqu'à établissement d'un PPC à 90 %. Un PPC à 100 % est un problème, car cela signifie que l'équipe toute entière s'est mise en zone de confort, les prévisions étant sous-estimées pour être certain de les atteindre.

L'outil du LPS® et les mesures attenantes doivent d'abord et avant tout être utilisés dans une démarche de challenge individuel et collectif d'amélioration continue ; il ne s'agit surtout pas de s'autocongratuler d'obtenir un score de PPC (pourcentage de promesses tenues) de 100 %.

À mesure de l'implémentation des outils Lean, le PPC va augmenter. Ces progressions peuvent être facilement mesurées, comme autant de marches franchies vers l'excellence opérationnelle.

Les gains de PPC (donc de performance) observés généralement :

- chantier « 5S » :   15 %
- Last Planner® System :   15 %
- microzoning :   10 %
- préparation à J–1 :   5 %
- cartes kanban :   10 %
- *Takt Time* :   5 %

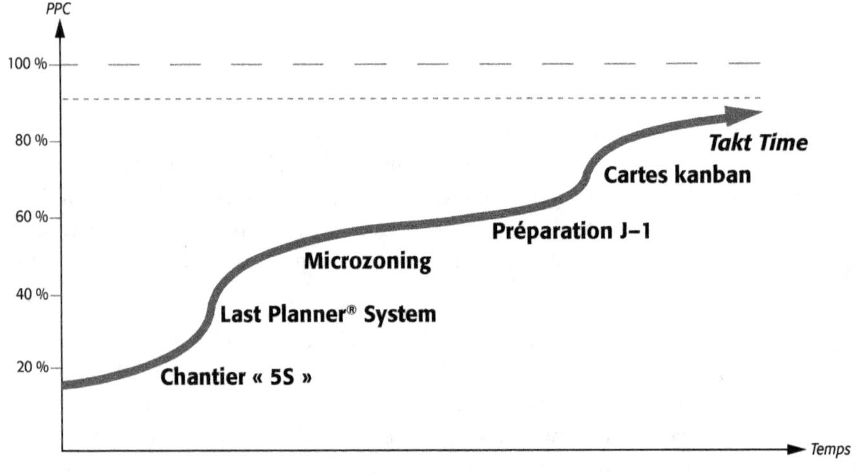

D'après Patrick Dupin, Delta Partners.

Les organisations ayant mis en place une démarche Lean mesurent les effets après un an (en moyenne) :

- diminution des temps unitaires (T/U) :   −15 %
- diminution des arrêts maladie :   −8 %
- diminution de l'absentéisme :   −5 %
- diminution du stress :   significatif
- diminution des délais globaux opérations : −15 %
- augmentation de la marge opérationnelle :   +20 %
- augmentation du résultat avant impôt :   +28 %

CHAPITRE 9

Retours d'expériences de chantiers

9.1 Hôpital de 550 lits en Californie : Sutter Health

En 2000, le California Pacific Medical Center (CPMC), filiale santé de Sutter, a engagé le cabinet d'architecture, SmithGroup/SOM, une joint-venture, et SMWM, pour concevoir la consolidation de deux établissements de soins sur un campus existant. En 2002, le projet d'agrandissement a été repensé pour devenir le projet de l'hôpital Cathedral Hill. Après plusieurs années de planification, le projet final a finalement vu le jour, les budgets et délais ayant été mis en attente jusqu'en 2005. À cette époque, Sutter voyait, impuissant, tous ses projets souffrir *in fine* de dépassements de budget et de délais ; si bien que, pour ce nouveau projet d'envergure, il choisit de changer l'équation avec l'introduction du Lean Construction dans la gestion du projet. C'est donc bien le maître d'ouvrage qui est à l'initiative et également-ment porteur de l'application de ce paradigme sur son projet. En 2007, SmithGroup a été invité à continuer de travailler avec CPMC pour terminer la conception du nouvel hôpital de 86 000 m^2 et 555 lits. La seule condition, imposée par le maître d'ouvrage lui-même, était qu'ils rentrent dans un schéma d'équipe intégrée « Lean » avec Sutter, sur la base d'un accord multipartite. La base de cet accord résidait dans la mise en place d'une équipe intégrée de livraison de projet (IPD). Bien que le concept ait été relativement nouveau à l'époque, même en Californie, SmithGroup et plusieurs de leurs consultants en design ont décidé de poursuivre le projet sous cette forme IPD. Peu de temps après, Sutter proposa à HerreroBoldt (entreprise générale) de rejoindre l'équipe projet et, immédiatement après, les sous-traitants principaux furent engagés pour compléter l'équipe. Sutter Health, en tant qu'un des plus grands prestataires de soins de Californie, a donc lancé un plan ambitieux de réalisation d'un hôpital « Lean Construction ». L'équipe projet CHH a donc pu développer et se doter d'outils Lean en vue d'améliorer l'efficacité de tout le projet (aussi bien en conception qu'en réalisation). Parmi ces outils, on peut citer : *Value Stream Mapping*, *Target Value Conception*, groupes de cluster, et modélisation des données (BIM). Tous visaient une approche projet globale, avec pour objectif de maximiser la valeur et minimiser les gaspillages. L'application des outils Lean, et surtout la philosophie Lean sous-jacente à laquelle tous les acteurs de ce projet ont adhéré, ont créé des conditions de projets très favorables à la productivité :

- Grâce à un enchaînement d'itérations positives, rendu possible par une excellente communication, les processus de conception et d'exécution ont été réalisés ensemble, pour mieux révéler et apporter une réponse concrète aux aspirations et aux besoins du client.

- Les phases de conception et d'exécution ont été structurées tout au long du projet afin de maximiser la valeur et de réduire les gaspillages au niveau de la réalisation du projet.

- Chaque partie n'a pas ménagé ses efforts pour gérer au mieux et améliorer les performances individuelles et collectives, et donc améliorer la performance totale du projet.

- Le «contrôle» a été redéfini, en partant de la «surveillance des résultats», pour mettre en place un système de «faire en sorte que les choses se passent comme prévu». La performance des systèmes de planification et de contrôle a été évaluée et améliorée en permanence.

Le Lean a été vu comme un changement majeur dans la philosophie de gestion de projet que Sutter Health souhaitait déployer. Cette transition a réussi car la démarche de changement est venue de la direction générale. Sur le projet CHH, le maître d'ouvrage était à 100 % convaincu par le Lean, et a exigé que tous les participants au projet suivent une formation au Lean. Les stages ont été développés sur quatre formations :

1. l'introduction au Lean ;
2. la formation de base ;
3. le Lean comme nouvelle méthode de livraison d'un projet ;
4. le Lean Management.

La plupart des participants au projet CHH ont commencé par la formation «L'introduction au Lean». Cette formation de trois heures enseigne l'histoire du Lean Construction, ses concepts et ses méthodes. L'un des exercices effectués pendant cette formation est la construction physique d'avions constitués de pièces en plastique. L'avion modèle est construit suivant trois méthodes différentes pour montrer comment le Lean peut significativement accroître l'efficacité, tout en réduisant les efforts dépensés, à résultat qualitatif égal. D'autres formations sur le *Target Value Design*, le LPS®, les rapports A3, les plans de travail à la semaine, et le Plus/Delta complètent les outils déjà vus. La *Value Stream Mapping*, un outil puissant du Lean, a été employée dès le début de la mise en place du processus de conception-ingénierie sur le projet du CHH. Concevoir les relations et interdépendances entre le maître d'ouvrage, les concepteurs et les constructeurs est la première étape nécessaire pour produire un groupe fonctionnel de travail.

Quelles sont les informations nécessaires aux concepteurs (et quand) pour une transmission aux constructeurs afin qu'ils continuent leur travail ? Quelles informations les constructeurs doivent-ils répercuter sur les concepteurs pour garantir un haut niveau de constructibilité (et quand) ? Qui communique avec qui et par quelle méthode/canal ? Comment sont résolus les problèmes ? Ce sont toutes des questions très importantes auxquelles une *Value Stream Mapping* peut aider à répondre, et ce de façon systématique.

9.1.1   Application du BIM (*Building Information Modeling*)

Sutter Health (le maître d'ouvrage) et HerreroBoldt (l'entreprise générale) se sont engagés à réduire les gaspillages par l'utilisation de modèles BIM et de logiciels de détection des conflits de conception. Le BIM a été utilisé pour dessiner l'ensemble du bâtiment à l'échelle 1-1-1 dans un environnement virtuel permettant de détecter les problèmes entre les lots architecturaux, structuraux et les systèmes constructifs. Le modèle virtuel s'est avéré très efficace pour détecter et corriger les problèmes, avant qu'ils ne se produisent sur le terrain. L'autre utilisation du BIM sur ce projet a été la réduction des coûts et la main-d'œuvre en extrayant des plans de production fiables du modèle. Les plans de production peuvent être utilisés pour la préfabrication, le préassemblage, la livraison et l'installation d'éléments importants lors de la construction du bâtiment. Ce système permet d'optimiser les ressources sur le terrain, réduisant ainsi considérablement la quantité d'ouvriers nécessaires à l'exécution et les risques liés à celle-ci. L'efficacité des ouvriers augmente également par ce biais, car ils sont moins sujets à variations de planning. C'est une véritable réaction en chaîne d'efficacité et de sécurité, dans une qualité digne des usines manufacturières.

9.1.2   Collaborer, vraiment collaborer

Le *Target Value Design* (TVD ou Conception de Projet par Objectifs) est une technique d'analyse de la valeur permettant aux équipes de conception et de construction de travailler ensemble, comme un seul groupe. Le groupe TVD se réunit une fois par semaine pendant deux heures, pour examiner et discuter des moyens pour parvenir à une meilleure conception du bâtiment et à moindre coût. Ce groupe a au moins un représentant de chaque partie prenante (du designer au sous-traitant). Il a pour dessein de garantir la constructibilité de l'ouvrage par sa conception, en lien avec le coût global final. Cette méthode est en totale opposition avec le paradigme actuel qui consiste à «jeter le dossier au suivant par-dessus le mur», chaque entreprise travaillant dans son propre «silo».

Toutes les décisions sont prises dans l'environnement du groupe TVD, et non pas de manière isolée, ce qui permet à l'équipe de construction (entreprise générale et sous-traitants) de faire partie intégrante du projet beaucoup plus tôt que sur un projet traditionnel.

Sur le projet CHH, la réunion TVD a eu lieu tous les mardis à 8h30 et se tenait dans la «Grande Salle». Il s'agissait avant tout de consolider le niveau d'information et de trouver des réponses aux problèmes soulevés en une semaine, dans un acte collectif et collaboratif. Après cette réunion, chacun des membres de l'équipe rejoignait son entité (structure, conception architecturale, revêtement extérieur, lots techniques, lots finitions, etc.) pour mettre en œuvre et développer ce qui avait été convenu le matin.

À l'issue de chaque réunion au CHH, une session rapide de «Plus/Delta» était menée par le responsable du groupe (nommé à tour de rôle pour un mois) qui reprenait sur un tableau :

- les Plus sur la colonne de gauche : les points positifs (ce qui s'est bien passé lors de la réunion) ;
- les Delta sur la colonne de droite : ce qui pourrait être amélioré (à mieux faire lors de la réunion suivante).

Cet outil s'est avéré très puissant sur ce projet, par la dynamique d'autocritique qu'il permet, chaque réunion faisait donc partie intégrante du processus d'amélioration continue.

Résultat : moins cher et mieux par une nouvelle relation contractuelle.

Le nouveau design a finalement offert 90 % du programme initial en utilisant 70 % de l'espace, avec une certification LEED-Or labellisée par le « US Green Building Council », pour un coût final de 960 millions de dollars, environ 200 millions de dollars de moins que le prix prévu pour le projet d'origine. L'équipe intégrée a suivi les principes du Lean, assistée par Glenn Ballard au cours de la conception et de la construction du projet. Comme nous l'avons vu, l'équipe a également utilisé des logiciels BIM, ainsi que des logiciels de détection des problèmes de synthèse technique (plus de 400 conflits majeurs ont été trouvés). Mais au-delà des processus et de la technologie, c'est la façon de travailler étroitement ensemble, dans le même but de maximiser la valeur du début à la fin du projet, qui a permis le succès de ce projet. Le contrat intégré sous-jacent à chacune des parties travaillant sur le projet Cathedral Hill, pour promouvoir le travail commun et supprimer les jeux de bluff, comporte deux éléments principaux : incitation et partage des risques.

La règle édictée dans le contrat d'alliance prévoyait que, si l'équipe dans son ensemble réalisait 100 % de la valeur cible initiale tout en économisant 88 millions de dollars, l'intéressement estimé à répartir proportionnellement entre chacune des parties (architecte, entreprises de construction, ingénieurs, BET et autres partenaires), serait de 20 millions de dollars (soit environ 1 % du budget du projet).

Ces montants ne pourront être atteints que par la somme des économies que chaque membre pourra générer, l'équipe intégrée étant fermement liée dans l'atteinte des objectifs de la valeur cible et d'économies. Si une échoue, c'est le collectif qui échoue car ce n'est que lorsque l'équipe livre le projet au niveau de valeur défini, à un certain coût cible que l'équipe gagne 100 % de la participation. Si le projet dépasse le budget et que les objectifs de valeur ne sont pas atteints, la participation est peu à peu perdue.

Cela étant, toutes les entreprises de l'équipe (architecte, entreprises de construction, ingénieurs, BET et autres partenaires) ont la garantie d'être rétribués au minimum pour couvrir leurs coûts, et d'atteindre leur seuil de rentabilité sur ce projet. Livrer ce projet, c'était pouvoir compter les uns sur les autres, des concepteurs aux sous-traitants, seule issue devant la nécessité d'atteindre très vite un niveau important de détail et de complexité. Cela nécessita que chacun communique efficacement avec chaque autre depuis le début, et que les ego et autres enjeux personnels soient mis de côté.

La méthode traditionnelle de gestion de projet n'incite pas à la communication, ni à la réduction du coût de la construction. La détermination de la valeur cible représente le niveau de finition et la valeur ajoutée souhaitée pour le projet. Une fois cette valeur cible atteinte en conception, l'équipe toute entière commence à travailler à l'atteinte du coût d'objectif du projet : 960 millions de dollars. Plus le projet est réalisé dans cette enveloppe, plus l'équipe se partagera une partie des économies ; le maître d'ouvrage payant tout de même un montant inférieur à celui budgété. L'objectif était donc d'économiser 200 millions de dollars, ce qui est en passe d'être atteint au moment où ces lignes sont écrites : 116 millions d'économies trouvées, et une valeur ajoutée augmentée de 70 millions (des équipements non demandés initialement dans le budget pour le même coût final).

9.2   Terminal aéroportuaire : T5 à Heathrow

Figure 9.1   Illustration de management visuel et zoning chantier.

Le maître d'ouvrage, la BAA British Airports Authority (le concessionnaire aéroportuaire le plus important au monde avec 8,8 milliards d'euros de capitalisation), a décidé au début des années 2000 la réalisation d'un investissement total de 7 milliards d'euros pour le seul aéroport d'Heathrow, afin d'accroître sa capacité voyageurs de 60 à 100 millions par année. À titre de référence, les travaux de gros œuvre seuls de ce mégaprojet représentaient un chiffre d'affaires de 1,25 milliard € ! Le projet du terminal T5 voyait le jour.

La BAA a mis en place le Lean Construction après que le chantier ait pris une année de retard après un an de projet. Il fallait absolument limiter le risque de surcoût et d'allongement des délais. Les équipes intégrées de constructeurs et d'architectes, la conception virtuelle en « 3 dimensions », le planning collaboratif et participatif, la gestion des flux de livraisons en juste-à-temps ont permis de relever ce challenge et de livrer le chantier avec un an d'avance. Glenn Ballard en personne a été à l'origine de l'implémentation du Lean Construction et donc de ce succès. Le paragraphe qui suit est tiré de sa présentation du 2 juin 2008.

Ce tour de force a été rendu possible par un contrôle assidu des flux de production et une chasse aux gaspillages, au centre des préoccupations Lean.

- Les acteurs en aval étaient impliqués dans les processus et les décisions prises en amont ; concepteurs et constructeurs travaillaient dans le même espace.

- La modélisation 3D (BIM) a été utilisée dans la conception en tenant compte des informations. Les membres de l'équipe du projet étaient payés à prix coûtant fixe, majoré à la performance budgétaire globale du projet.

- Des «*Kanban Market Places*» (magasins de chantier) assuraient la disponibilité d'un stock tampon sur site, alimenté en flux tiré en fonction de la demande des travaux.

- Les conseils des constructeurs pour réduire les gaspillages étaient systématiquement pris en compte et suivi d'effets.

- La planification du travail été faite par ceux qui réalisaient le chantier (Last Planner® System).

- Les livraisons ne suivaient qu'une seule règle : ne livrer aujourd'hui que ce qui sera installé demain.

- L'identification puis la suppression des contraintes de tâches planifiées a permis la tenue de la plupart des engagements personnels (promesses fiables) dans le cadre du LPS® et donc un haut niveau de productivité sur chantier. Cette démarche était alimentée par une réflexion poussée sur les raisons de non-tenue des promesses, suivie d'actions fortes et immédiates pour traiter ces problèmes.

La construction du T5 représentait avant tout un challenge logistique : possibilité d'accès au chantier, nécessité d'alimenter le chantier avec une rotation de camions de livraison toutes les 30 secondes depuis les portes du chantier jusqu'à la zone de travail, et stock chantier limité à 1 journée de production. Le projet global a été divisé en 80 sous-projets. 3 500 ouvriers s'affairaient sur chantier (à héberger, nourrir, blanchir…) pendant des heures de travail très strictes (début et fin de travaux observés à la seconde), aidés par 2 000 personnes en fonction support, notamment pour assurer les nombreux travaux de préfabrication et de préassemblage, fortement utilisés sur cette opération pour limiter les risques de dérapage, autant des délais que des coûts, tout en maintenant le très haut niveau de qualité que le milieu aéroportuaire demandait.

Afin de réduire la variation des travaux due aux aléas routiers, des centres logistiques attenants au chantier ont été développés, véritables magasins commandés en flux tirés. La production Lean contrôlait le niveau de ces stocks extérieurs (et *vice versa* par bouclage feedback) grâce à un système kanban, jusqu'aux stocks tampons sur site. Les transports à l'intérieur du chantier étaient donc limités au strict minimum, les volumes stockés réduits à la portion congrue.

9.2.1 Aciers préassemblés à dérouler sur la partie haute du radier

Pour suivre les cadences de chantier rendues possibles par la planification collaborative et le zoning, il a fallu réduire la chaîne de production et alimenter le flux tiré du chantier. Le Lean a donc aussi été appliqué aux cellules satellites de préfabrication et de préassemblage. L'utilisation de la techniques SMED a grandement participé à la flexibilité des outils de production par la capacité d'adaptation très rapide à la demande du chantier. La taille des lots à livrer était largement minimisée, et le transport pouvait se faire avec des camions beaucoup plus petits pour alimenter les zones de stock tampon sur chantier ; ce qui augmentait la fréquence des livraisons et réduisait d'autant la taille du stock sur chantier.

Figure 9.2 Déroulage des aciers préassemblés et ligaturés.

Figure 9.3 Aire principale de fabrication.

9.2.2 Modélisation 3D

La phase de travaux de génie civil et de gros œuvre sur ce chantier du terminal T5 est un excellent exemple de ce qui peut être fait pour améliorer la productivité. En 2002, l'équipe projet a commencé à installer des structures classiques en béton armé, mais il est vite devenu évident que le chantier ne serait pas en mesure de tenir le calendrier de la construction et livrer à temps. Le chantier avait alors un an et était «virtuellement» en retard d'un an. L'ingénieur béton en chef, Laing O'Rourke, a donc décidé de développer des modèles 3D à partir des données de conception disponibles en 2D et de résoudre le problème. L'entreprise de gros œuvre a formé 18 de ses ingénieurs construction à faire de la modélisation, à l'aide d'un logiciel du type Catia. Ces «modélisateurs» travaillaient en étroite collaboration avec les ingénieurs structure, dans les mêmes bungalows de base vie. Lorsque cette équipe intégrée annonçait que le plan était terminé, il n'y avait alors personne de plus compétent pour le valider. Ceci a considérablement réduit les temps de production de plans optimisés et directement utilisables. Le délai entre le commencement d'un plan et sa mise en exécution sur chantier est ainsi passé de 6 semaines à 5 jours!

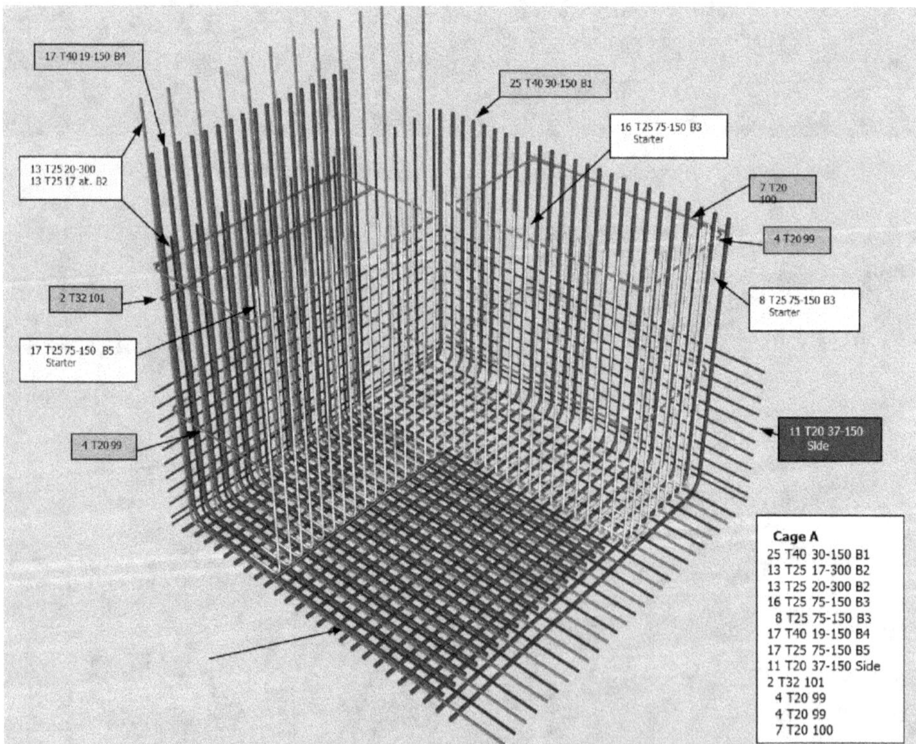

Figure 9.4 Modélisation du ferraillage en trois dimensions.

Le flux de production des plans et des aciers préassemblés atteignit une vitesse encore jamais observée, permettant de sortir du système classique «poussé» et de commencer à rattraper le retard.

9.2.3   Processus de production des aciers et contrôle du «WIP»

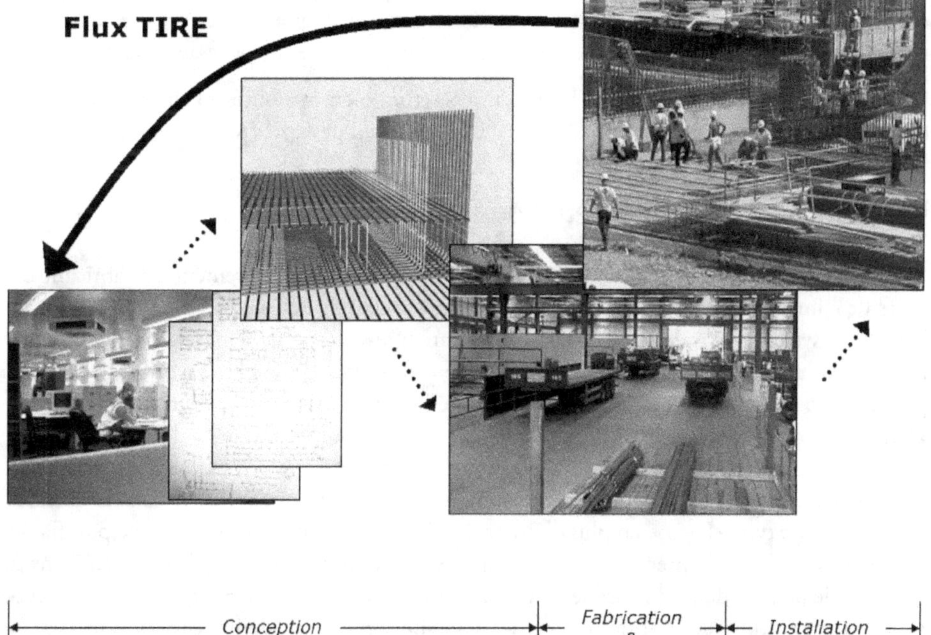

Figure 9.5 Illustration du flux tiré pour la production et le préassemblage du ferraillage.

9.3   Hôtel de 30 étages en Chine

Une entreprise chinoise a construit un hôtel de 30 étages et 17 000 m², des fondations à la dernière clé sur la porte, en seulement… 15 jours (!), livré à la veille du Nouvel An 2012. Les premiers hôtes de cet établissement ont donc pris possession de leur chambre le 31 décembre, alors que les travaux avaient commencé le 16 décembre (de la même année).

Cet ouvrage, localisé près du lac Dongting dans la province du Hunan, a pu être érigé ou plutôt «monté» grâce à l'utilisation exclusive de modules préfabriqués et préassemblés en usine, placés sur des structures en acier montées sur site. Aucun matériau n'est transformé sur le chantier, un peu comme un mécano géant.

Cette méthode change complètement la façon dont les bâtiments sont construits, et peut-être l'ensemble de l'industrie, selon l'architecte Lloyd Alter (cf. blog Treehugger). La société chinoise à l'initiative de ce processus d'exécution, BSB (Broad Sustainable Building Corporation) n'en est pas à son coup d'essai. Elle a précédemment construit l'Arc Hôtel, bâtiment de 15 étages à Changsha (Chine), en seulement six jours.

La construction restait jusqu'à présent une des rares industries dont la principale contrainte dans la définition de l'emplacement du site de production est la localisation de l'exploitation de l'ouvrage. L'exportation complète est donc quasi impossible dans le schéma classique. Cela étant, fort de ces expériences réussies, il est désormais prouvé qu'il est possible de construire n'importe où, et de livrer un bâtiment entier, avec des tolérances de pose de ± 0,2 mm.

Ceci signifie probablement que des hôtels entiers seront bientôt ajoutés à la liste grandissante des produits estampillés *« made in China »*, … et pourquoi pas après tout.

Résistance aux tremblements de terre magnitude 9

Suite au séisme de Wenchuan en 2008, la société BROAD (originellement un fabricant de blocs de climatisation industriels) a développé un concept de bâtiments antisismiques sur la base de ce système de préfabrication totale. Un an après le tremblement de terre, fruit de la recherche d'une équipe de 300 chercheurs, cette «structure en acier et diagonales légères» a pu être mise au point avec le souci permanent de la rendre la plus constructible possible. La «China Academy of Building Research» a effectué de nombreux tests de résistance aux tremblements de terre, les simulations physiques ont montré que cette structure légère avait une résistance de 3 à 12 fois plus élevée que celle des bâtiments classiques dans le monde. Cette structure type «Lego», en plus d'être très facilement assemblable, serait donc plus fiable en cas de séisme que la même en béton armé. Toute cette structure a également été pensée pour être le plus modulable possible et facilement représentable informatiquement, en prévision de l'application du BIM pour éviter les coûts importants d'ingénierie traditionnelle.

Si l'Empire State Building a pu être monté en un temps record, le niveau de complexité de la technique (notamment HVAC) était à l'époque bien moins élevé qu'aujourd'hui. Si certains hôtels sont également assemblés «en kit» en Europe, très peu bénéficient des dernières avancées en termes d'isolation et technique HVAC telles que celles présentes dans l'hôtel chinois :

* système domotique intégré et miniaturisé ;
* 35 cm d'isolation thermique, fenêtres à quintuple vitrages ;
* ventilation double flux permettant de récupérer de 70 % à 90 % de l'énergie émise ;
* système de contrôle de la pureté de l'air, alimenté en permanence par des détecteurs installés dans chaque chambre, couplé à une filtration triple (filtre grossier traditionnel, nettoyeur électrostatique puis filtres HEPA) filtrant 99,8 % des particules et microbes et rendant ainsi l'air intérieur 20 fois plus pur que l'air extérieur.

Pour construire ce mécano géant, l'entreprise a donc développé des panneaux légers de «plancher» en acier de 3,90 m × 15,60 m, constituant les blocs principaux. Chaque panneau est livré sur chantier avec, en sous-face, directement fixés sur l'ossature, les gaines de ventilation, les alimentations en eau, les évacuations, l'électricité et l'éclairage. Les poteaux principaux, jambages de contreventement, les portes, les fenêtres, les cloisons et même les sanitaires et les cuisines, sont montés en usine, prêts pour l'expédition.

Ensuite, le challenge est plus logistique que constructif. La surveillance de la rotation des camions et le flux ininterrompu qu'ils forment seront gages de réussite du projet. Un camion pouvant transporter 125 m² de plancher, le bâtiment représentant 17 000 m², il n'aura fallu que 140 rotations pour les planchers. Les stocks sur chantier sont ainsi limités au strict nécessaire, les ouvriers sur le chantier « n'ont plus qu'à » assembler et serrer les écrous, et assurer les finitions en panneaux (joints, étanchéité, peinture…).

Dans un tel système constructif de préfabrication et préassemblage quasi total, le temps passé sur chantier par les ouvriers ne représente que 7 % du total des heures de la construction, limitant ainsi considérablement les aléas inhérents à la vie d'un chantier.

Les Chinois ont donc réussi à mettre au point un système constructif nouveau, encore jamais vu ailleurs, qui, si on le compare aux constructions équivalentes traditionnelles, consomme 20 % d'acier en moins, 80 % de béton en moins, et est 30 % moins coûteux.

Si l'on considère la vitesse de construction (30 étages en 15 jours), les faibles risques d'accident sur chantier, la haute qualité de construction rendue possible par la préfabrication en usine, et le très faible niveau de déchets générés par ce chantier (moins de 1 % de la quantité rejetée par un chantier conventionnel), alors on ne peut que reconnaître que les Chinois ont su tirer parti de la démarche Lean dans des proportions encore inconnues.

Ce chantier illustre théâtralement ce qu'il est encore difficile à intégrer pour bien des organisations : le Lean est l'avenir de la construction.

9.4 Chantier TCE : Centre psychothérapique à Nancy, CPN

CARI Lorraine (Groupe FAYAT) a mis en place une partie du Last Planner® System couplée avec un travail en zoning sur un de ses chantiers, le Centre psychothérapique de Nancy (Meurthe-et-Moselle), opération menée en conception/réalisation. Le CPN est un bâtiment R+1 dédié principalement aux soins, mais dont la conception se rapproche en tous points de l'univers carcéral (sans barreaux malgré tout). Ce centre est constitué de trois unités de soins avec zone fermable, de chambres classiques, de chambres d'isolement, de pièces communes (sport, détente, musique, réunion…), ainsi que de bureaux (administration, infirmerie) et d'un pôle logistique à chaque niveau. Tout le bâtiment sur vide sanitaire est chauffé par un plancher chauffant hydraulique basse température et reçoit un faux plafond, non démontable dans les zones fréquentées par les patients. Aussi bien la conception que la réalisation du bâtiment (ventilation double flux, isolation en pré-murs, vitrages athermiques…) permettent de répondre aux exigences tant architecturales que constructives des normes BBC Effinergie et HQE ; la réalisation de ces objectifs étant testée avant la réception de l'ouvrage. Enfin, les menuiseries extérieures ont fait l'objet d'une attention particulière dans leur conception : châssis acier, parcloses non démontables et vitrages 44/2 extérieurs et PSA ou P7B intérieurs suivant la zone.

Des aléas liés au sous-sol lors de l'exécution des fondations ont contraint CARI Lorraine à étendre le délai global. Pour en limiter l'impact, CARI Lorraine a décidé, début 2012, d'implémenter des outils Lean Construction sur le chantier, dont le gros œuvre se terminait, et de tenir la date contractuelle de décembre 2013 malgré tout.

La plupart des entreprises ayant déjà été appointées au moment de la fin du gros œuvre, CARI Lorraine a pu les faire former au Lean Construction et leur fournir les fondamentaux élémentaires nécessaires à la mise en place de la démarche Lean sur chantier.

Cette première étape est très importante pour la réussite de la démarche car elle permet d'initier le changement d'état d'esprit pour passer du schéma commande/contrôle à un mode plus collaboratif et participatif. Chaque entreprise a donc été formée individuellement, occasion d'identifier et placer chacune d'entre elles dans une catégorie parmi les *« réfractaires »*, les *« j'attends de voir »*, les *« pourquoi pas »*, les *« convaincus »* et les *« moteurs »*.

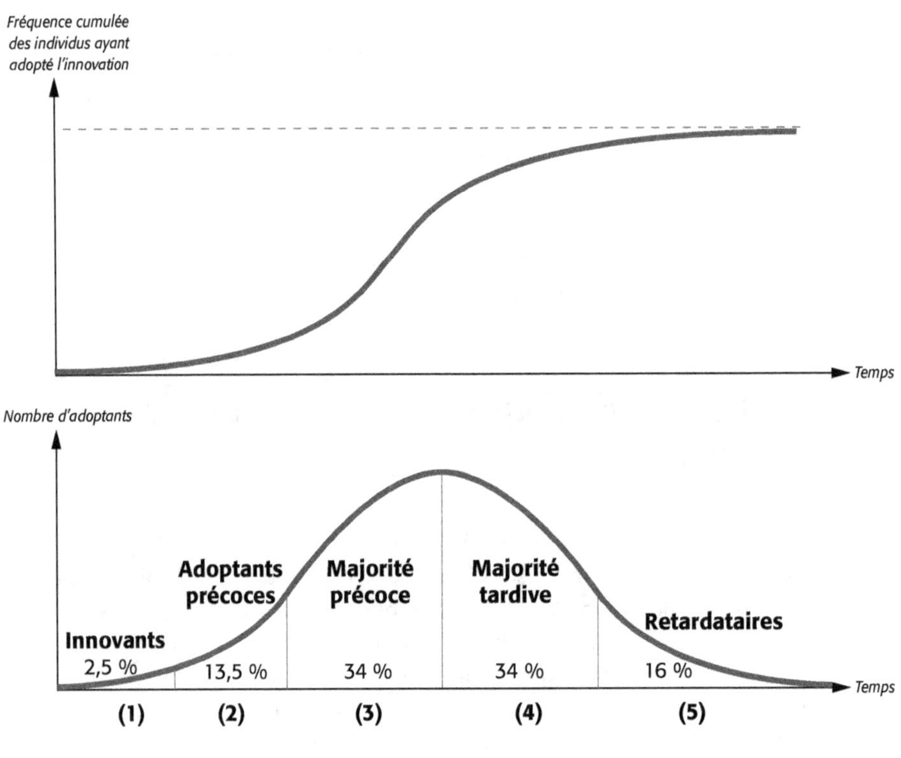

Figure 9.6 Illustration de la distribution de Rogers.

La distribution de Rogers a été pleinement vérifiée par les différentes réactions observées à la suite de la présentation/formation Lean Construction à destination des entreprises.

Par choix, le chantier étant déjà bien lancé avec la fin du gros œuvre et les corps d'état techniques arrivant sous un mois, CARI Lorraine a décidé de concentrer ses efforts sur la gestion des interfaces par synchronisation des entreprises : la troisième étape du Last Planner® System. Le suivi des conditions prérequises était assuré par une communication quasi permanente entre les entreprises et l'équipe projet, et le planning collaboratif a été réalisé en prenant en compte des contraintes des différentes entreprises. Ce faisant, bien que le schéma du Last

Planner® System n'ait pas été suivi à la lettre, l'équipe projet a mis en place les conditions nécessaires à l'application de la synchronisation des interfaces, en pleine conscience et en ayant extrait l'essentiel des étapes non réalisées comme telles. Même s'il ne fait aucun doute que, si les deux premières étapes du Last Planner® System avaient pu être implémentées, les gains en fluidité et en délais auraient été encore plus importants, CARI Lorraine a su amorcer le changement en modifiant un paramètre pour obtenir un résultat différent.

Un travail conséquent a ensuite été réalisé pour la définition des zones du chantier. Le projet a été divisé en 20 zones, d'environ 250 m² chacune. Les entreprises passaient donc d'une zone à l'autre en fonction de leur capacité en ressources. Les zones de stockage étaient redéfinies en fonction pour limiter au maximum tout blocage du flux. Le plâtrier (cloisons sèches) a suivi la fin du gros œuvre et la mise hors d'eau du bâtiment, le hors air a été assuré par des fermetures provisoires du fait du retard dans la fabrication des châssis extérieurs. Les châssis, en plus de devoir répondre aux exigences de la norme BBC, ont été réalisés sur mesure avec des profilés blindés en acier, aucune partie du châssis ne devant être démontable, ce qui est propre à la destination de l'ouvrage (univers carcéral). La fabrication des châssis a donc été ralentie par l'ensemble de ces contraintes ; mais le flux de production sur chantier a pu continuer malgré tout en redéfinissant l'ordonnancement des zones en fonction de la pose des châssis.

Le plaquiste a été suivi de près dans son avancement par les corps d'état techniques (plombiers, chauffagistes et électriciens). Dans le cadre de l'application du Last Planner® System, les entreprises ont été invitées à annoncer les travaux qu'elles s'engageaient à réaliser la semaine suivante. Ainsi, dès que le plaquiste annonçait la mise en place de la première peau dans une zone, l'électricien et le plombier savaient alors qu'ils allaient pouvoir le suivre et passer toutes leurs incorporations, avant qu'eux-mêmes puissent annoncer la fin de leurs travaux et que le plaquiste referme la cloison et laisse le chauffagiste annoncer, à son tour, la mise en place du chauffage au sol…

Une communication efficace et un respect, aussi bien de la parole donnée que d'autrui, sont primordiaux dans la réussite de la mise en place d'une démarche Lean. Des réunions se sont tenues tous les vendredis à 11h00, pour une durée d'une heure tout au plus. La ponctualité effective des entreprises à se rendre à cette réunion est suffisamment rare pour être soulignée. Le suivi des engagements à venir et des promesses passées (tenues ou pas) était consigné dans un classeur Excel et envoyé à l'issu de la réunion à chaque entreprise ; qui disposait ainsi d'une feuille de route pour la semaine à venir.

Le planning était alors mis à jour si besoin, et renvoyé aux entreprises comme feuille de route globale jusqu'à la fin du chantier. La date de fin était fluctuante, dépendant du rythme de travail des entreprises et de la tenue des promesses. Bien que la date contractuelle fût fixée par la maîtrise d'ouvrage à décembre 2013, cette date n'était pas la contrainte principale de planification. La contrainte principale était de garantir à chaque entreprise le maximum de continuité dans son flux de production et, donc, un maximum de travaux réalisés à la fin de la semaine. Le déplacement «vers la gauche» de la date prévisionnelle de fin était une conséquence mécanique de la démarche de gestion de projet mise en place par CARI Lorraine. Au moment d'écrire ces lignes, le projet n'est pas encore terminé, mais il est certain que la date contractuelle sera tenue, malgré les trois mois d'intempéries exceptionnellement pénalisantes connues entre janvier et avril 2013, qui ont repoussé d'autant la date contractuelle. Le projet a pu être livré en avance de plus de trois mois, ce qui, compte tenu de la complexité technique du bâtiment, de l'environnement carcéral et des intempéries anormalement fortes, constitue un véritable tour de force de la part de l'ensemble de l'équipe projet et des entreprises sous-traitantes.

9.5   45 logements matériaux durables à Brest : Access Design[1]

Le promoteur Nexity a réalisé la construction d'une nouvelle gamme de logements en appliquant la démarche Lean, afin d'en finir avec les retards dans la construction immobilière. Cette opération, située à Brest, se compose de 40 logements (Access Design) et a été livrée après seulement dix mois de construction contre dix-huit habituellement pour ce type de projet. Une réussite pour le groupe Nexity, due en grande partie à d'anciens cadres de l'industrie reconvertis dans l'immobilier, connaissant parfaitement les concepts de gestion des flux, de satisfaction client ou encore d'excellence opérationnelle et sachant les insuffler dans une culture Lean Construction.

Pour son projet Access Design, Nexity a opté pour une construction en bois permettant une grande modularité et une bonne capacité à la préfabrication et au préassemblage. Ainsi, bon nombre d'éléments ont pu être standardisés (escaliers, balcons, murs, fenêtres…) permettant au fabricant de panneaux de bois de rationaliser sa production et passer à une production en îlots, réaliser des gammes de fabrication, mettre en place une mesure de la qualité… Autant de concepts industriels difficiles à appliquer jusqu'alors, de l'aveu même de l'entreprise.

L'esprit Lean s'est également retrouvé sur le chantier. Grâce à la vision industrielle insufflée par Nexity sur ce chantier, l'accent a pu être mis sur la gestion des flux. Pour pallier la proscratination largement généralisée sur les chantiers classiques, chaque ouvrier a dû réaliser lui-même son autocontrôle pour que l'étape suivante se passe au mieux. Dans la veine de l'optimisation des flux et de la chasse aux gaspillages, tout ce qui n'apporte pas de valeur pour le client final a été supprimé, à l'image des échafaudages. Un escalier central a été mis en place en début de projet et distribue tout le chantier pour le chargement des matériaux et matériels. Cet escalier a, bien entendu, été laissé en place à la fin du chantier. Nexity a également réussi à se passer de bennes à ordures sur le chantier, les entreprises ont été incitées ainsi à ne pas surproduire, toujours dans la veine de la démarche Lean et de la chasse aux gaspillages. Les coûts de construction ont été ainsi diminués de 150 euros par mètre carré, ce qui représente pour les acquéreurs une réduction de prix de l'ordre de 10 à 15 %.

---

1.   Adapté de l'article de Frédéric Parisot «BTP : Quand le bâtiment passe au lean… » paru dans *L'Usine Nouvelle*, le 20 septembre 2012.

9.6   Vinci Neapolis Toulouse, Toulouse[2]

Vinci a initié un chantier en utilisant une partie des outils du Lean Construction, dans la ZAC de Borderouge, qui s'étend sur près de 150 ha autour du terminus nord de la ligne B du métro de Toulouse. Ce projet est l'un des projets phares d'aménagement de la ville, avec quelque 5 000 logements en collectif et en maisons individuelles, des bureaux, des équipements publics, des commerces, etc. Parmi les projets constituant cette ZAC, l'opération Neapolis est un ensemble immobilier BBC s'élevant jusqu'à R+8 et comprenant 98 logements (avec parking) et 6 commerces en rez-de-chaussée, dont le promoteur (Bouygues Immobilier) a confié le lot gros œuvre seul à TMSO (Groupe Vinci). Le délai constituait un challenge de taille : il fallait réaliser le chantier en dix mois, soit deux mois d'études et de préparation, et huit d'exécution de gros œuvre. Sur un chantier en gros œuvre seul, les sources de productivité supplémentaire sont rares et les possibilités de dérapage nombreuses. La préparation du chantier, avec une minutie d'horloger suisse, allait être déterminante dans la réussite de ce projet. Vinci a développé un système sous le nom d'Orchestra qui vise à mettre tout le chantier sur une même longueur d'onde. Cet outil permet de planifier et de chiffrer de façon cohérente l'ensemble des facettes d'une opération, les équipes de travaux pouvant apporter leur expertise, leurs expériences et leurs idées pour valoriser au mieux le projet.

Dans ce système, la réunion de passage du projet des études aux travaux est cruciale pour que le moment où « le virtuel rattrape le réel » se passe le mieux possible, que les problèmes identifiés en phase étude puissent trouver des solutions concrètes, et que le projet puisse être constructible. Les documents principaux de suivi de projet peuvent être constitués et l'équipe travaux peut se focaliser avec efficacité sur les points techniques. Cette tranquillité d'esprit amenée par la possibilité de se concentrer sur la technique a d'ailleurs été largement observée dans les équipes CARI Lorraine sur le chantier du CPN. Dans un chantier bien préparé, dont les flux sont pensés à l'avance, chacun sait ce qu'il a à faire. Vinci a appliqué avec succès le Lean aux zones de stockage et de préfabrication, assurant ainsi un flux constant de production. La pression sur les opérationnels de chantier retombe et les équipes, ne perdant plus de temps à chercher des outils ou des matériaux, sont beaucoup plus réactives. En mettant en place le 5S, des rituels de management et la préparation à J–1 sur son chantier, l'équipe Vinci a pu diminuer considérablement la variabilité dans la prévision de sa préparation et de l'exécution. Le chantier a été maintenu propre, net et bien rangé…

---

2. Adapté du magazine Vinci *Passion Construction*, n° 31, Juillet 2012, p. 22-23.

CHAPITRE 10

De la théorie à la pratique : mode d'emploi pour un déploiement Lean réussi

Ce chapitre vous livre la méthode mise au point par Patrick Dupin, et utilisée avec succès par les équipes Delta Partners chez nombre de clients privés et publics, dans des secteurs d'activité et des tailles d'organisations très variés. La description détaillée de chacune des étapes à suivre pour initier et mener votre propre « voyage » Lean, véritable feuille de route, vous guidera pas à pas en précisant les points importants et les pièges à éviter.

Chacun pourra adapter cette recette à sa propre configuration d'entreprise, à ses contraintes et spécificités constructives.

Toutes les démarches Lean qui ont réussi et perduré dans le temps sont à l'initiative du « Top Management », de la direction générale ou de la direction des opérations. Le changement Lean demande beaucoup d'efforts et de persévérance pour que s'inscrivent durablement la culture de l'excellence opérationnelle et ses outils dans la vie quotidienne d'une organisation. Le piège le plus commun, comme rappelé par Glenn Ballard dans l'interview donnée à Nottingham, est de se concentrer sur la mise en place d'un outil, comme une baguette magique. Mettre en place du Lean, ce n'est pas changer un outil pour un autre.

Il est donc vivement conseillé à une organisation de se faire accompagner d'un consultant extérieur dans le déploiement de sa démarche Lean. La vision impartiale du consultant, objective et extérieure aux pressions politiques et stratégiques, sera un atout considérable. De plus, son expérience, son savoir-faire et ses outils préformés feront gagner bien du temps et de l'énergie à son client.

10.1 Réunions de lancement, formation et organisation

Que ce soit accompagnée par un consultant extérieur ou suivie par un «sponsor» interne à l'entreprise, toute mise en place de démarche Lean doit faire l'objet d'une phase préliminaire afin de cadrer la démarche, définir les objectifs quantifiables à court et à moyen terme et préparer les équipes au changement.

L'entreprise ou l'organisation aura pris le soin préalable de définir un comité de pilotage (organe référent de la démarche), constitué de 5 personnes environ, qui représentera idéalement tous les services de l'entreprise. La mise en place d'une démarche Lean, bien qu'impactant de manière évidente les opérations, rayonne rapidement sur les autres services qui devront pouvoir répondre aux sollicitations nouvelles avec rapidité et réactivité pour garder la dynamique initiée.

Une «*kickoff meeting*» ou réunion de lancement rassemblant toutes les parties prenantes impliquées dans le projet (travaux, direction générale, RH, supports…) est l'occasion de donner un niveau d'information global et également de rassurer sur la démarche et les attendus de celle-ci. En effet, certaines entreprises ont appliqué des démarches de «*Cost Killing*» avec des effets dévastateurs, notamment sur l'emploi et la confiance des salariés, après avoir utilisé le terme «Lean» ou «Lean Management» comme façade. Le «*Cost Killing*» est aux antipodes du Lean. Le préambule de cette réunion de lancement est donc une opportunité de présenter ce que la démarche Lean «n'est pas», et de désamorcer ainsi les rumeurs et bruits de couloirs.

Une fois cet ajustement fait, les échanges pourront s'articuler autour du développement de la stratégie à mettre en place pour gagner en efficacité opérationnelle, et initier la construction sous-jacente de collaboration et de participation.

Une réunion dédiée peut être faite à destination des chefs de chantiers et chefs d'équipes sur le même schéma, avec les mêmes attendus, mais en appliquant une sémantique adaptée et en prenant soin de rester dans un discours concret.

10.2 Audit qualitatif et quantitatif chantiers

> «*On ne peut améliorer que ce que l'on peut mesurer*»
> Sir Lord Kelvin, thermodynamicien.

Comme longuement explicité dans les chapitres précédents, l'étape préliminaire à tout cycle scientifique d'amélioration continue est la mesure de l'existant pour déduire l'impact réel du changement de paramètre. La réalisation d'un audit qualitatif et quantitatif sur une sélection de chantiers permet de mesurer l'apport potentiel des méthodes et outils Lean Construction envisagés. Cet audit suivra plusieurs étapes :

- Mettre en lumière des flux intrants, extrants et internes au chantier (ou au processus opérationnel) à analyser. Cette première étape de l'audit met au jour l'ensemble des flux existants, autant de mouvements à bien identifier pour être en capacité de les gérer. Un œil extérieur au processus ou à l'entreprise sera d'autant plus à même de révéler l'ensemble des flux.

- Réaliser une « *Value Stream Mapping* » ou cartographie de la chaîne de création de valeur. Celle-ci permet l'identification des actions à valeur ajoutée (VA) et des actions à non-valeur ajoutée (NVA), ainsi que le temps passé à réaliser chacune d'entre elles ; donc le coût des gaspillages principaux existants (débrouille, chronométrage des temps d'attente, podométrage, mesure de la place perdue, des mouvements de matériel et de matériaux inutiles…). Cet état des lieux de la performance opérationnelle servira de niveau de référence pour la mesure des améliorations.

- Déterminer le niveau de fiabilité de l'organisation du chantier par la mesure du taux de bonne réalisation des travaux prévus à – 1 semaine, du nombre de reprises de travaux (non-qualités) et du niveau de préparation des travaux à – 30 jours, selon les 7 préconditions contenues dans le deuxième niveau du Last Planner® System (contrat, sécurité, main-d'œuvre, matériel, matériaux, surface, prérequis).

- Mesurer l'activité de la grue et déterminer son niveau de saturation réel. Il s'agit de déterminer la part des grutages strictement nécessaires et la part des grutages qui pourraient être évités dans le cas d'une démarche Lean. Chiffrer ensuite le coût des grutages évitables fait prendre conscience de ce gaspillage, souvent beaucoup plus important qu'envisagé.

- Rédiger un rapport d'audit. Ce rapport servira de témoin d'un temps révolu une fois la transformation Lean opérée et durablement installée. Ce rapport contiendra, en plus des données chiffrées récoltées plus haut, une analyse synthétique et subjective appelée « Plus et Delta » décrivant sur deux colonnes les bonnes pratiques déjà en place à sécuriser (Plus) et les axes d'amélioration (Delta).

Cette analyse Plus et Delta sera distribuée à l'ensemble de l'entreprise, pour montrer à toutes et tous que le changement est amorcé et partager honnêtement les points forts ainsi que les axes d'amélioration de la société. Chacune et chacun pourra se retrouver dans l'une et/ou l'autre colonne, et commencer à s'approprier la démarche d'amélioration par une réflexion sur le verrouillage de ses plus et la diminution de ses delta. Embarquer le plus grand nombre dans la démarche, même indirectement, est une des clés de la réussite d'un changement Lean.

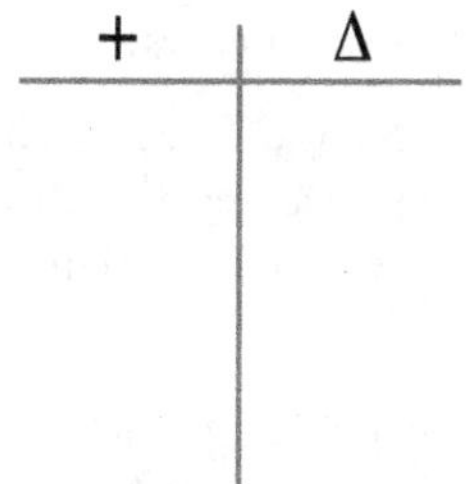

D'après Patrick Dupin, Delta Partners.

Figure 10.1 Illustration de la feuille « Plus & Delta ».

10.3 Action! Implémentation Lean Construction

« 80 % des Effets sont le produit de 20 % des Causes »
Vilfredo Pareto, socioéconomiste

Rester dans la veine d'une démarche scientifique accompagnant la mise en place du Lean aura pour effet de maximiser les résultats obtenus, tout en réduisant la durée avant d'observer les premiers résultats. L'utilisation du principe dit «de Pareto», pour identifier et traiter les problèmes les plus impactants parmi ceux identifiés et quantifiés lors de la phase d'audit, hiérarchise les efforts à fournir.

La démarche se poursuit donc à la lumière de la cartographie de la chaîne de création de valeur après identification des NVA (tâches à non-valeur ajoutée) et proposition de schémas de processus alternatifs sans NVA, ou du moins sans NVA non nécessaires aux processus considérés. Ce faisant, les opérations sont plus rapides, chaque action crée de la valeur (VA) et le changement est visible.

Ainsi, l'obtention de résultats rapides (sous 1 à 3 mois) vise à démontrer la réelle pertinence de la démarche, mettre en place les conditions initiales favorables pour alimenter l'apprentissage scientifique, comparer des états réellement comparables et inscrire durablement la dynamique de progrès dans le temps. Cette phase d'implémentation se réalise sur une sélection aléatoire de chantier, donc la plus diverse en taille, en complexité et en secteur possible. Ce mini-échantillonnage aide à écarter les contre-arguments tels que «ça a fonctionné sur votre chantier (ou dans votre service) mais ça ne fonctionnera pas chez nous».

La phase d'implémentation sert également à montrer, par la pratique, que l'amélioration opérationnelle est possible, et surtout qu'elle ne met aucunement en péril les postes des employés en place. Par l'apport d'outils adaptés aux problèmes décelés précédemment, la démarche Lean améliore au contraire les conditions de travail des salariés. Les effets bénéfiques d'une organisation Lean sur le stress se font sentir à tous les étages de la pyramide hiérarchique et finissent par convaincre les plus sceptiques avant la phase de déploiement. Cette phase d'implémentation pourra durer de quelques semaines à quelques mois en fonction de la taille de l'organisation, du résultat de l'audit quantitatif et qualitatif, et de son niveau initial de maturité et d'écoute sur la démarche Lean et les outils associés. Cette implémentation devra se faire sur des chantiers pilotes (entre 3 et 5) tirés au hasard parmi les chantiers en cours ou à venir. Ce faisant, l'argument de la réussite par la particularité du cas ne pourra être apporté car non opposable.

Les actions suivantes pourront dès lors être menées :

- Mettre en application le «5S» au chantier et commencer à travailler sur le management visuel pour créer les conditions de travail et de sécurité adéquates : chantier débarrassé, rangé, nettoyé et maintenu dans cet état avec signalétique et informations efficaces et compréhensibles.

- Systématiser la préparation à J–1 : (en fin de journée pendant 15 minutes environ) passage en revue des tâches à réaliser le lendemain, déduction et préparation du matériel et des matériaux requis pour être directement opérationnel le lendemain matin, sans perte de temps et en continu sur la journée.

- Améliorer ce qui a déjà été fait. Initier le contact avec l'amélioration continue et ne pas se contenter des acquis, c'est inciter les parties prenantes opérationnelles à proposer, modifier et concevoir des outils lors d'une séance de travail. Les chefs de chantier et les chefs d'équipe continueront le travail de structuration de la réflexion opérationnelle d'amélioration des outils de production existants, en vue de la préparation de la phase de déploiement. Pour ce faire, il faut solliciter et formaliser les retours d'expérience des outils actuels, inciter à la créativité en libérant l'expression par la conception d'outils nouveaux. Chaque chef de chantier, chaque chef d'équipe des chantiers pilotes doit pouvoir se sentir impliqué dans la recherche de solutions innovantes, dans le dessein de lui faciliter la tâche au quotidien.

- Travailler sur le microzoning, en relation avec les flux internes au chantier, pour optimiser les flux et déplacements de matériels, de matériaux et de main-d'œuvre. Faire prendre conscience aux opérationnels de la nécessité d'organiser l'anticipation et le suivi de la logistique externe au chantier, en lien avec les fournisseurs. Ici aussi, plutôt que faire, il est plus pertinent de faire faire. Le comité de pilotage proposera des pistes de mise en place, mais les équipes travaux sont les mieux positionnées pour mener la réflexion et sortir du cadre habituel. Le comité de pilotage accompagne cette démarche.

- Une fois l'ensemble de ces nouveaux outils mis en place, représentant chacun une étape importante, le comité de pilotage organisera une séance de retour d'expérience « à chaud ». Le but, en plus de récompenser le volontarisme des équipes travaux, est de capter le niveau subjectif (car humain) de réussite et de motivation du projet. La sémantique utilisée spontanément devra être consignée (anonymement) comme bon baromètre du réalisme et/ou de l'ambition à prévoir pour la phase d'implémentation. Le comité de pilotage doit également pouvoir répondre aux questions et interrogations émergentes.

- Mesurer et analyser les résultats « à froid ». Après 2 à 3 mois pendant lesquels le comité de pilotage laissera le champ libre aux chantiers pour innover et tester l'application des nouvelles méthodes et des nouveaux outils, des points intérimaires peuvent être réalisés pour consigner les améliorations, mais toujours de manière objective. La nouvelle performance opérationnelle est mesurée sur le même schéma que les mesures effectuées lors de la phase d'audit pour valider la comparaison. Les actions, outils ou méthodes ayant amélioré la productivité et diminué le stress des opérationnels doivent être verrouillés et faire partie intégrante du nouveau système de management de projet. Ceux au contraire qui ont dégradé la productivité et augmenté le stress des opérationnels doivent être éliminés, tout en menant une réflexion sur les raisons de cet échec. Une analyse « 5 pourquoi », consistant à poser 5 fois la question « Pourquoi ? », est une bonne base pour initier les discussions et trouver les causes profondes. Ce questionnement en forme d'autocritique est primordial dans la recherche de l'amélioration, éluder cette étape reviendrait à réitérer le schéma et donc induire des effets contraires à l'élimination des gaspillages, dénominateur commun de toute démarche Lean. Si des actions, outils ou méthodes ont augmenté la productivité, mais également le stress, le comité de pilotage doit comprendre les raisons de l'augmentation de ce stress. Bien souvent, il est la conséquence d'un environnement de travail nouveau, bouleversant les habitudes et équilibres en place depuis des années. Le comité de pilotage devra être particulièrement vigilant dans le suivi de ses équipes et apporter les aménagements nécessaires dans la phase d'implémentation, afin que le stress redescende en deçà du niveau initial (avant mise en place du Lean). Dans le cas contraire, il faudra abandonner le paramètre changé en appliquant la méthode des «5 pourquoi». Si des actions, outils ou méthodes ont dégradé la productivité mais également le stress, le comité de pilotage doit s'allouer une période d'observation avant de choisir de maintenir ou pas le paramètre changé. Dans la plupart des cas, la productivité remonte (avec l'effet d'expérience) pendant la phase d'implémentation et le niveau de stress continue de baisser.

En vue de la phase suivante de déploiement, le comité de pilotage analysera donc les effets réels de l'application du Lean Construction sur les chantiers pilotes (témoins) de cette phase.

L'amélioration continue est une démarche itérative nécessitant la mise en place d'actions, d'outils et de méthodes qui produisent des effets à court terme, pour les améliorations les plus évidentes servant de moteur au reste de la démarche, mais également des effets à plus long terme (quelques mois, voire quelques années). Les cycles successifs de mesures permettent au comité de pilotage de garder une vision bienveillante dans le développement et dans l'adhésion de la démarche Lean. Les cycles scientifiques de modification de paramètre/mesures des résultats sont gages de durabilité des résultats dans le temps.

Au terme de cette phase d'implémentation du Lean à l'intérieur même des opérations de l'organisation, le comité de pilotage réalisera un bilan général qui sera présenté à la direction générale. Cette dernière, à la lumière de cette expérience, pourra demander des ajustements, avant de passer au déploiement (développement d'un outil complémentaire, implémentation à d'autres chantiers pour augmenter l'échantillonnage, interview des parties prenantes…), tout en remerciant les équipes pour leur implication et leur volontarisme et réitérant sa confiance au comité de pilotage. Cette dernière action est importante pour maintenir un haut niveau d'implication dans la phase de déploiement à venir.

10.4 Déploiement Lean

Cette phase vise à amorcer la transformation de l'organisation dans son ensemble en capitalisant les résultats, obtenus lors de l'implémentation, pour assurer la réussite du plan d'action et inscrire durablement l'amélioration continue dans ses gènes. Ceci passera par l'apport d'outils complémentaires de mesure et de contrôle de la performance, en vue de continuer à porter la démarche scientifique, qui pourra se matérialiser par la création d'un poste, voire d'un pôle de compétences dédié. La phase de déploiement vise également à accompagner les équipes encadrantes, non issues des chantier pilotes, dans l'utilisation des nouveaux outils de systématisation de l'anticipation, à garder un haut niveau 5S sur les chantiers et assurer la systématisation hebdomadaire de la démarche pendant la durée de la mission. C'est pendant cette phase que le déploiement des compétences nouvelles est étendu à l'ensemble des équipes de l'organisation en les intégrant et en les impliquant dans la démarche Lean.

Une bonne communication entre le comité de pilotage et le service Ressources humaines est importante pour que l'acquisition des connaissances et compétences nouvelles au niveau de l'ensemble de l'entreprise puisse se faire de manière coordonnée. L'implication de chaque salarié doit donner lieu à des compensations et récompenses sous toutes formes que ce soient, et si possible à de nouvelles perspectives d'évolution de carrière.

Une fois le déploiement effectué, le nombre et la gravité des accidents auront considérablement diminué, tout comme le taux d'absentéisme et de maladie. Ces effets collatéraux sont une partie des conséquences vertueuses de la mise en place du Lean au sein d'une entreprise, chaque organisation pouvant profiter d'une palette presque infinie de bénéfices directs et indirects induits par le Lean.

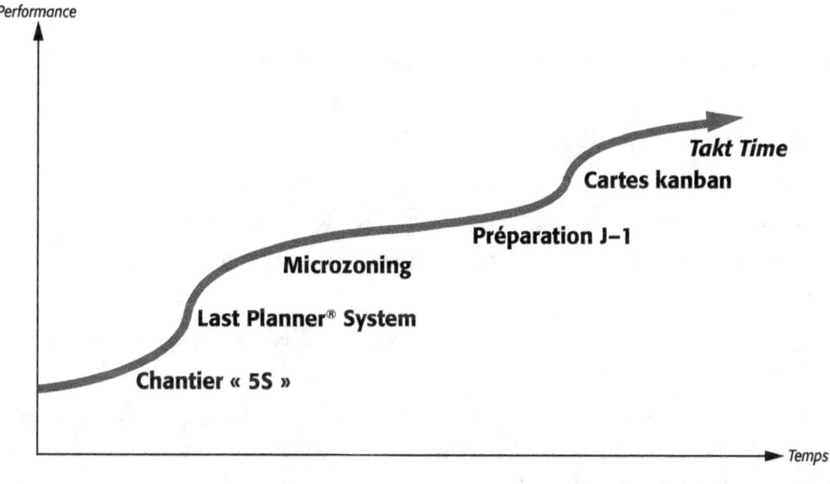

Figure 10.2 Lean : recherche itérative de la performance.

10.5 Exporter la démarche aux sous-traitants et fournisseurs

Pour aller plus loin dans la démarche Lean et doter l'organisation d'un système intégré de performance, celle-ci pourra poursuivre la démarche amorcée en interne sur ses opérations en propre et travailler à la continuité avec les fournisseurs et sous-traitants. Il s'agit de développer une nouvelle approche de gestion des sous-traitants et des fournisseurs pour créer un système gagnant-gagnant et réaliser des économies d'échelles et d'expériences en intégrant toute la chaîne logistique, tout en responsabilisant et en engageant les sous-traitants fournisseurs dans une démarche globale de performance.

Le Last Planner® System, par essence, demande un niveau minimal d'implication des sous-traitants. La recherche de solutions pour traiter les problèmes, avant qu'ils ne deviennent récurrents, ainsi que le suivi des sept préconditions de réalisation, constituent une porte d'entrée efficace.

Un système de gestion en flux tiré (depuis le chantier jusqu'au fournisseur) peut donc être mis en place tout au long de la chaîne de création de valeur.

L'application des cartes kanban est un moyen simple, mais efficace, pour alimenter ce flux tiré, comme décrit dans les chapitres précédents ; le partage des informations sur la performance aide également à entretenir la flamme de l'amélioration continue.

10.6 Lean Office

Une fois les opérations en propre fiabilisées sur chantier, la suite naturelle est l'application du Lean aux opérations de bureau, le *« Lean Office »*. Les mêmes mécanismes d'identification des flux, des gaspillages, d'élimination des gaspillages et de mise en place d'outils collaboratifs et participatifs s'appliquent.

Il s'agit, de même que sur chantier, de mener une réflexion sur :

- le traitement des informations entrantes et sortantes ;
- la préparation, le suivi et l'archivage des dossiers ;
- la communication entre les « concepteurs » et les « réalisateurs » ;
- l'optimisation constructive en amont pour faciliter la mise en œuvre ;
- l'organisation et l'exploitation du retour d'expérience sur la durée du cycle de vie du projet (y compris SAV).

Il est communément admis que 30 % des coûts et des délais sont gagnés avant le premier coup de pelle.

De même que sur chantier, la démarche Lean Office visera d'abord à convaincre les acteurs principaux des bénéfices du Lean Management par la visualisation rapide des résultats, et à identifier les pistes d'amélioration sur les processus en amont de la réalisation des chantiers, du contact client à la livraison des plans et à l'organisation des chantiers. Un plan d'action sera ensuite construit à partir de la réalité, reprenant les objectifs d'amélioration quantifiables et mesurables définis préalablement. À l'issue de cette phase Lean Office, il ne faut pas négliger d'assurer la passerelle entre les « chantiers » et le « bureau », afin que l'un et l'autre travaillent en synergie dans un seul et même but : faire gagner toute l'organisation en productivité.

Pour ce faire, il convient de :

- délimiter le périmètre du projet et définir les objectifs avec la mise en place d'un comité de pilotage dédié ;
- présenter les fondamentaux du Lean Office aux parties prenantes principales ;
- réaliser un *Gemba Walk* (observation des opérations office avec les parties prenantes) pour repérer, identifier et quantifier les 7 sources de gaspillages ;
- prioriser les actions Lean Office pour obtenir des résultats concrets, rapidement ;
- mener deux « chantiers » en parallèle : mise en place du « 5S-Office » dans un service identifié lors du *Gemba Walk* et réalisation d'une *Value Stream Mapping* (VSM) sur un processus identifié par le comité de pilotage comme présentant un fort potentiel d'amélioration ;
- implémenter et déployer la démarche Lean Office à l'ensemble des services de l'organisation.

Le résultat de cette transformation Lean Construction est une organisation totalement repensée en douceur, autant sur ses opérations que dans ses bureaux, à tous les étages de la pyramide hiérarchique et dans ses relations avec fournisseurs et sous-traitants.

Les marges opérationnelles sont largement augmentées par l'élimination des gaspillages et par la réduction des temps unitaires et des délais ; le stress, lui, est largement diminué par la baisse de variabilité des prévisions et la fiabilité des engagements; enfin, les conditions de travail sont largement améliorées par la rationalisation des chantiers et de leurs environnements.

Cela étant, comme toute démarche innovante sur la durée, la mise en place d'une transformation Lean passera par cinq grandes phases, identifiées par Gartner Hype (la «technologie» correspond au Lean):

1. **Démarrage de la technologie:** l'attrait pour la technologie se développe, mais les applications concrètes ne sont pas encore identifiées. Dans le cas d'une démarche Lean, cette curiosité apporte l'attrait et ouvre les portes, même des plus réfractaires pour l'audit.

2. **Pic des attentes exagérées:** l'engouement pour la technologie se confirme, elle est largement présente dans l'entreprise et de multiples applications sont imaginées. C'est le début de l'implémentation, les premiers résultats sont observés, la dynamique semble en place.

3. **Temps des désillusions:** la technologie se confronte à la réalité du terrain, des applications imaginées ne sont finalement pas viables. C'est là toute la pertinence du comité de pilotage, de la variété des chantiers pilotes et des nombreuses mesures effectuées, qui serviront à garder malgré tout un haut niveau de concentration et de motivation, et limiteront l'amplitude et la durée de cette phase dangereuse.

4. **Retour en grâce:** la technologie est désormais connue, les applications sont en phase de développement et un nouveau souffle réalimente la démarche. L'implication du *top management* ou de la direction générale à encourager, remercier et gratifier les implications et le volontarisme en fin de phase d'implémentation trouve ici tout son sens pour élever au plus haut niveau la motivation pour la démarche, avant le plateau de productivité.

5. **Plateau de productivité:** la technologie est mature, des applications importantes sont établies et reconnues par le marché. C'est la phase de déploiement qui finira d'inscrire durablement le Lean dans l'entreprise.

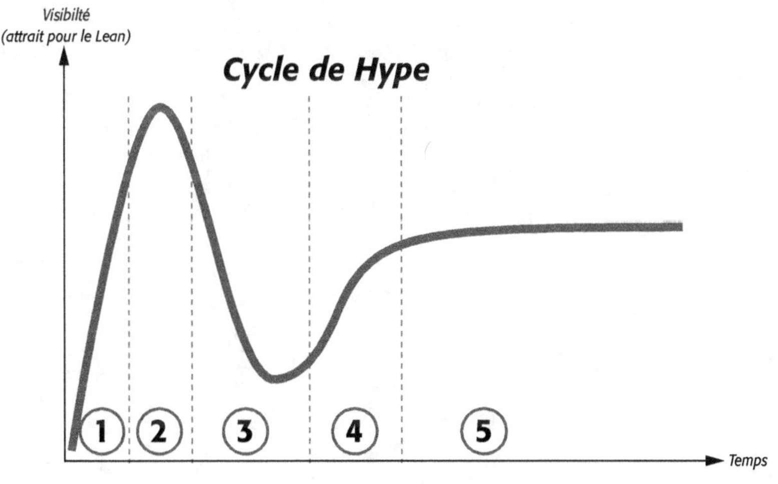

D'après Patrick Dupin, Delta Partners.

Figure 10.3 Illustration du cycle de Hype.

En ce sens, la présence d'un animateur qui aura pour rôle de conduire et de limiter les débats dans les limites du sujet est fondamentale.

L'AMDEC permet d'opposer sainement les points de vue et de proposer des actions concrètes à mettre en œuvre, en faisant participer des personnalités usuellement non enclines à se rencontrer dans un esprit constructif.

Le groupe est ainsi constitué de l'animateur, de l'ingénieur techniques spéciales, d'un architecte spécialisé en façades et du chef de projet pressenti.

11.3.1 L'analyse fonctionnelle du produit

Le but de l'analyse fonctionnelle est de décrire toutes les relations du système ou du produit avec le milieu extérieur. Seront donc caractérisées, au travers de l'analyse fonctionnelle, les fonctions principales et les fonctions contraintes du système à étudier.

Ainsi, l'analyse fonctionnelle va chercher à répondre aux questions suivantes :

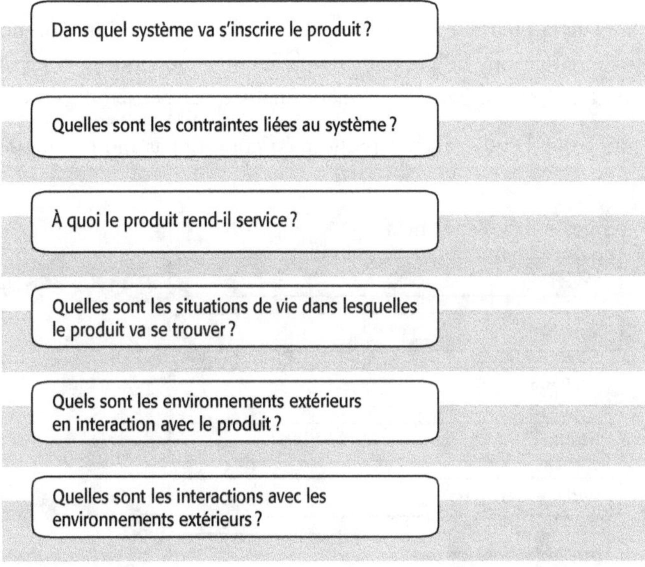

D'après Patrick Dupin, Delta Partners.

La norme NF X 50-150 définit la fonction : «Action d'un produit ou de l'un de ses composants uniquement en terme de finalité». Il importe de savoir qu'il existe une distinction entre fonction de service (fonctions d'usage, d'estime) et fonction technique (qui n'intéresse pas l'utilisateur).

Le diagramme de la pieuvre

L'analyse fonctionnelle va permettre de représenter les fonctions principales et les fonctions contraintes du système et est basée sur la méthode APTE® (http://cabinet-apte.fr/).

Dans le cadre de l'analyse fonctionnelle, un diagramme de pieuvre va permettre de matérialiser les relations du système (la façade) avec le milieu extérieur (air, vent, eau, légal…).

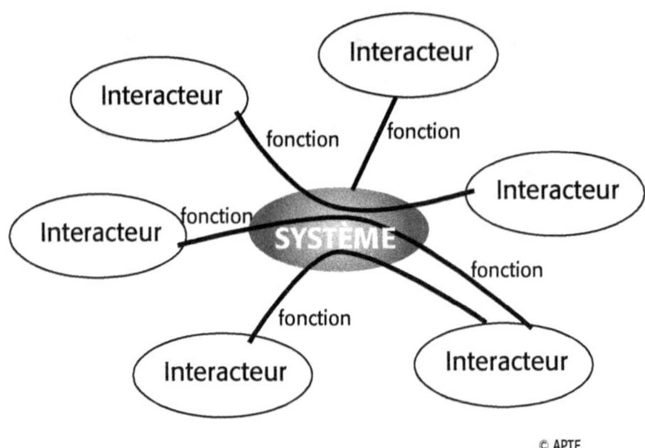

Source : http://wikimeca.org/index.php?title=Fichier:Diagramme_pieuvre.png

11.3.2 Les situations de vie du produit

Il a été décidé, lors de la première réunion préalable à l'analyse de fonction de la façade, de lister l'ensemble des situations de vie dans lesquelles allait se trouver la façade. Ceci pour éviter de se limiter à une vision par trop « fonctionnaliste » de l'ensemble étudié.

Ainsi, il a été admis que l'étude devrait prendre en compte pas moins de 10 phases de vie successives.

Les situations retenues sont les suivantes :

- Conception
- Validation
- Fabrication
- Transport
- Stockage avant pose
- Assemblage ou pose
- Co-activité avec des corps d'états secondaires ou autres
- Réception
- Exploitation/entretien
- Démantellement

D'après Patrick Dupin, Delta Partners.

Tous les éléments ne seront pas exploités par la suite. Mais il est aisé de comprendre, à titre d'exemple, que le stockage d'un vitrage sur le chantier revêt une importance toute particulière dans la mesure où, bien que livré et monté conforme à toutes les attentes, s'il était abîmé en cours de stockage, ce serait la source d'une grande perte de temps. La démarche telle que nous la mettons en place vise à fiabiliser et assurer aussi la maîtrise de ce genre de risques.

11.3.3 Les relations entre le produit et les environnements extérieurs

La recherche des fonctions s'est déroulée en mode « brainstorming ». Elle a été très prolifique, au point de nécessiter l'élagage d'un certain nombre de fonctions qui se trouvaient être finalement redondantes, difficilement quantifiables et allaient rendre leur hiérarchisation difficile. Il importe de garder en vue que ces analyses doivent déboucher sur des prises de décision rapides et ne cherchent pas à établir des catalogues de cas improbables.

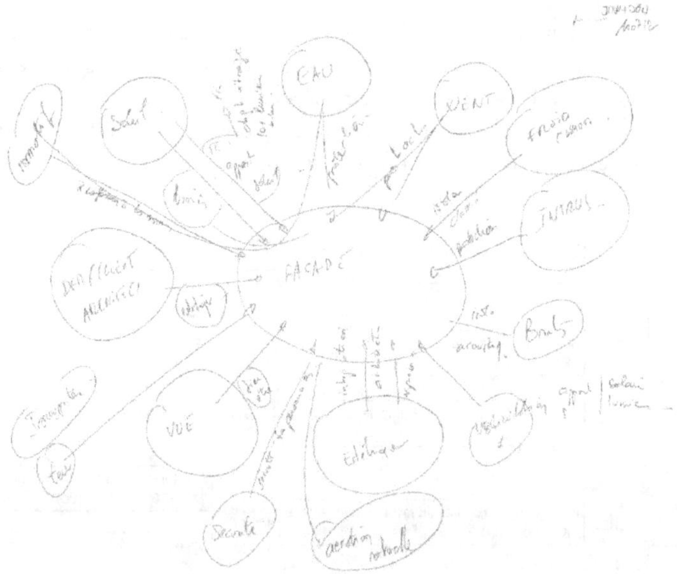

Figure 11.1 Diagramme de la pieuvre original tel qu'il ressort de la réunion.

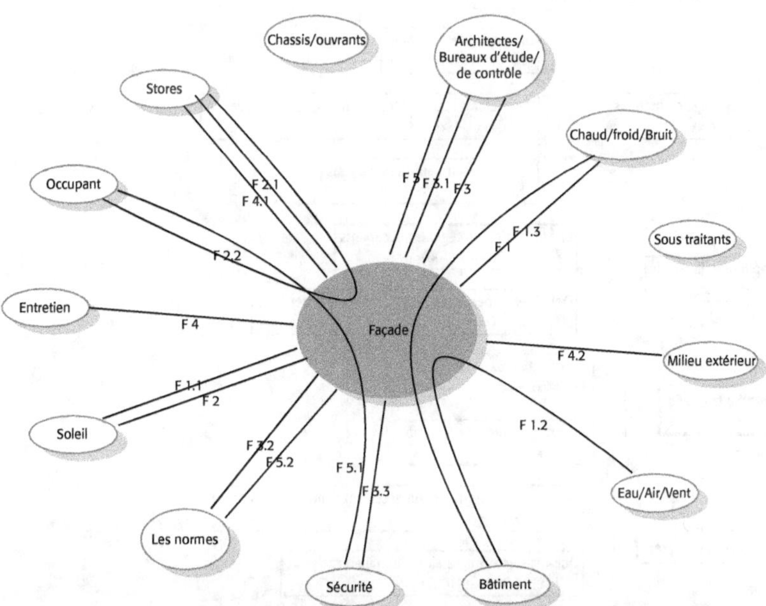

Figure 11.2 Diagramme de la pieuvre simplifié, représenté avec le logiciel TDC Need.

La recherche des fonctions s'effectue en étudiant les relations entre la façade et son environnement. Elle a permis un recensement exhaustif des fonctions, qui visait à ne pas en oublier mais surtout à ne pas en inventer.

Chaque fonction va être uniquement exprimée en terme de finalité et être formulée par un verbe à l'infinitif suivi d'un ou plusieurs compléments.

11.3.4 La hiérarchisation des fonctions

Par souci de simplification et toujours dans l'optique de présenter une analyse réaliste et exploitable, il a été décidé de ne pas étudier les dix situations de vie du système (la façade). Par contre, la hiérarchisation des fonctions a amené à créer de nouvelles fonctions, non relatives principalement à la construction et à l'entretien du bâtiment. Ce fait est attribué à la mise au clair d'expériences précédemment jugées non significatives.

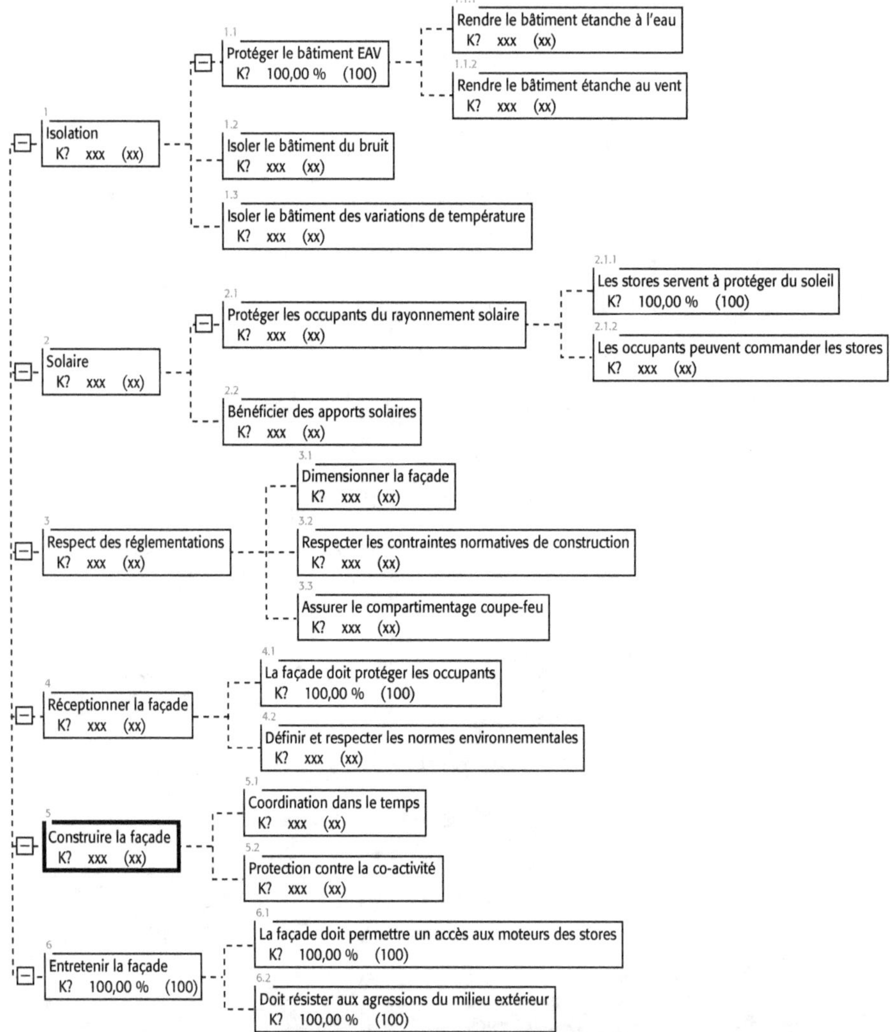

Figure 11.3 Vue d'ensemble des fonctions hiérarchisées (Diagramme F.A.S.T.).

On constate dorénavant un nombre limité de fonctions hiérarchisées telles qu'elles ressortent de ces 3 réunions, acceptées par tous et qui vont maintenant servir de base à l'analyse des défaillances.

L'extrait ci-dessous renseigne la hiérarchie des fonctions auxquelles l'on pourrait attribuer un coût.

	Code	Fonctions	%	coût		Scénario 1
			100,00	0	%	100
					coût	0
					Valeur	-
	F 5.1	Coordination dans le temps	24,50	0		☑
	F 5.2	Protection contre la co-activité	10,50	0		☑
	F 2.2	Apports solaires (limites / bénéfices)	10,00	0		☑
	F 2.1.1	Les stores servent à protéger du soleil	8,00	0		☑
	F 1.3	Isoler thermiquement le bâtiment	6,00	0		☑
	F 3.1	Respecter les contraintes normatives de dimensionnement	5,00	0		☑
	F 3.2	Assurer le compartimentage coupe feu	5,00	0		☑
	F 4.1	la façade doit protéger les occupants	5,00	0		☑
Situation générale	F 4.2	Definir et respecter les normes environnementales	5,00	0		☑
	F 6.3	Assurer un nettoyage de la façade extérieure	5,00	0		☑
	F 1.2	Isoler la bâtiment du bruit	4,50	0		☑
	F 6.1	La façade doit permettre un accès aux moteur des stores	2,50	0		☑
	F 6.2	Doit résister aux agressions du milieu extérieur (dans le temps également)	2,50	0		☑
	F 2.1.2	Les occupant peuvent commander les stores	2,00	0		☑
	F 1.1.1	Rendre le bâtiment étanche à l'eau	1,65	0		☑
	F 1.1.2	Rendre le bâtiment étanche au vent	1,65	0		☑
	F 1.1.3	Rendre le bâtiment étanche à l'air	1,20	0		☑

L'analyse de la valeur, grâce à la mesure du coût des fonctions, peut permettre l'établissement d'une base de discussion entre l'entreprise et le client, et vise à établir l'impact financier qu'aurait une demande particulière. Les fonctions peuvent être pondérées de sorte à mesurer leur impact financier sur le projet. Cette analyse de la valeur aide à la rédaction du cahier des charges fonctionnelles.

11.3.5 Étude qualitative des défaillances

Avant de démarrer l'étude qualitative des défaillances, les défaillances et problèmes précédemment rencontrés ou vécus dans l'entreprise ou à titre personnel ont été listés. En voici quelques exemples, tels qu'ils ont été rencontrés sur les façades. À noter qu'ils illustrent parfaitement l'hétérogénéité des cas.

L'établissement de cette liste, bien que non exhaustive, a permis au groupe de prendre conscience de la probabilité de survenue de défaillances, non prise en compte auparavant.

Chaque fonction est ainsi notée en gravité (G), probabilité d'occurrence (O) et probabilité de non-détection (D). Le choix de l'échelle de pondération importe dans le sens où il permettra de mieux mettre en évidence certaines défaillances plutôt que d'autres. Au choix du groupe !

Il suffira ensuite de multiplier les trois notations pour chacune des défaillances et obtenir ainsi l'indice de criticité :

$$C = G \times O \times D$$

| (Indice de criticité) | (Indice de gravité) | (Probabilité d'occurrence) | (Probabilité de non-détection) |

11.4 Hiérarchisation des défaillances et recherche des actions préventives

Puisque chaque défaillance est ainsi pondérée, il devient aisé de les classer par ordre d'importance. Dans ce cas précis et pour plus d'aisance, il a été décidé de les exporter dans un tableau Excel.

Le résultat est visible dans la figure ci-dessous.

Fichier Accueil Insertion Mise en page Formules Données Révision Affichage Espaces

E1 fx Gravité

	A	B	C	D	J	K	L	M	N	O
1		Evénement initiateur (mode de défaillance de la fonction)	Conséquence systè	N	Grav	Occ	Déte	Critic	Val	Actions de maîtrise des risq
2	1	Perforation du joint butyl (Rex)	baisse performance du bâtiment	10	4	4	8	128	16,84	Contrôle visuel avant pose des pierres naturelles / Bower test le plus tôt possible
3	2	Faillite du ST (Rex)	Impact planning	32	8	4	4	128	16,84	Choix du ST, contrôle de sa capacité financière
4	3	Déformation du chassis lors du transport ou de la pose	Stagnation de l'eau dans les rigoles d'évacuation	2	4	4	4	64	8,42	Contrôle ponctuel avant pose
5	4	Mauvaise utilisation du panneau de commande (Rex)	Perte efficience de la climatisation	24	4	4	4	64	8,42	Information au client / utilisateur
6	5	Pose du vitrage avec les pieds (Rex)	Rayures, difficulté pour réceptionner	35	4	4	4	64	8,42	Prévoir mode opératoire de pose
7	6	Pas de garde corps en phase intermédiaire (Rex)	Risque de chute de personnel	28	8	4	1	32	4,21	Gardes corps posés en phase GO compatibles avec activités ultérieures
8	7	Panne de moteur	Démontage du parement	19	4	8	1	32	4,21	Prévoir des trappes d'accès
9	8	Chute de laitance ou de toute autre produit	Rayures	34	1	8	4	32	4,21	Protection type feuille PE autocollante
10	9	Démontage suite à mal façon (Rex)	Risque de bris des vitres ou chassis	4	4	4	1	16	2,11	Procédures, précaution maximale
11	10	Démontage suite à mal façon (Rex)	Risque de fabrication avec différence de couleur	5	4	4	1	16	2,11	Procédures, précaution maximale
12		Isolant ne correspond pas aux spécifications (Rex)	Valeur cible non atteinte	15	4	4	1	16	2,11	Production de certificat, contrôle avant / pdt la pose
13		Démontage du parement	Mécontentement du client	21	4	4	1	16	2,11	
14		Mauvais dimensionnement	Fuites, difficulté d'ouverture	26	4	1	4	16	2,11	Soumettre les certificats et calculs au bureau de contrôle
15		Mauvais approvisionnement (en retard ou démarrage mauvais côté)	Impact planning	30	4	4	1	16	2,11	Si possible suivi des commandes et contrôle des approvisionnements
16		Bris d'élèments avant pose (Rex)	Impact planning	31	4	4	1	16	2,11	Stockage, procédures, moyens de levage etc...
17		Tentative d'effraction	Bris de vitre	37	4	4	1	16	2,11	Vitres sécurit (?)
18		Vitrage ne correspond pas aux spécifications	Valeur cible non atteinte	14	1	1	8	8	1,05	Production de certificat, contrôle avant / pdt la pose
19		Mauvais raccord d'étanchéité au niveau des acrotères (Rex)	Infiltrations d'eau	1	8	1	1	8	1,05	Etablissement de carnets de détails, validation, points d'arrets et contrôles
20		Stagnation de l'eau dans les rigoles (Rex)	Infiltrations d'eau	3	1	1	8	8	1,05	Etablissement de carnet s de détails, soumission au bureau de contrôle ou fabrication d'un prototype
21		Mauvaise caratéristique du vitrage livré	Valeur cible non atteinte	12	1	1	8	8	1,05	Contrôle du vitrage avant pose veuiller à la présence des étiquettes
22		Interaction stores / ouverture des ouvrants (Rex)	Blocage mécanisme des stores	17	1	8	1	8	1,05	Conception / gestion de l'interface
23		Interaction stores / ouverture des ouvrants (Rex)	Bris des stores	18	1	8	1	8	1,05	
24		Chassis ne correspond pas aux spécifications	Déformation du chassis	8	4	1	1	4	0,53	Quelques contrôles ponctuels avant la mise en
25		Chassis ne correspond pas aux spécifications	Valeur cible non atteinte	13	4	1	1	4	0,53	Production de certificat, contrôle avant / pdt la pose

Propriétés | TDC FMEA_original | TDC FMEA_tri pareto

Figure 11.4 Vue d'ensemble de l'AMDEC.

Note : Les défaillances notées (Rex) sont ainsi notées car avérées. Elles sont issues des retours d'expériences de fin de chantier.

Chaque défaillance a ainsi fait l'objet d'une recherche de détection ou de solution, décidée de manière collégiale, à l'issue de cette troisième réunion à laquelle tous les membres étaient présents.

L'AMDEC propose de faire une nouvelle évaluation de la criticité, sur base des actions préventives décidées. Cette option n'a pas été retenue pour des raisons d'organisation et de disponibilité.

11.5 Présentation des résultats

Une fois l'AMDEC faite, il a été décidé de faire une simulation avec une deuxième échelle de pondération, la première étant estimée trop faible en valeur absolue.

La première échelle (1-2-3-4) révèle que, sur les 39 défaillances étudiées, les 22 premières défaillances représentent 80 % du poids de l'ensemble.

Il a donc été décidé de refaire le calcul avec une nouvelle pondération (1-2-4-8) afin de créer volontairement de plus grands écarts. Ainsi, 80 % du poids total des défaillances sont représentés par les 13 premières fonctions. Sans chercher à se faire l'avocat du diable, ces défaillances doivent certainement être à traiter en tout premier lieu.

Le choix de l'échelle des notes que l'on attribue pour les critères de gravité, occurrence et non-détection, revêt donc un caractère important. Mais, puisque l'objet de cette analyse est de trouver un consensus et de prioriser les actions, l'important est que le groupe trouve une solution acceptable et acceptée de tous.

Il est donc retenu comme action à mener, sur les seules 10 premières défaillances :

- Classement par gravité : les deux principales défaillances sont la faillite du sous-traitant et l'absence de garde-corps (CLE a connu un accident mortel dans ce cas précis).

- Classement par occurrence : la principale défaillance est la perforation du joint « butyl ».

- Classement par risque de non-détection : la principale défaillance est la livraison d'un vintage non conforme aux spécifications.

À la lecture de ces résultats, il apparaît, concernant la gravité des défaillances, qu'une attention particulière est à porter sur le choix du sous-traitant, la compatibilité du garde-corps avec les activités suivantes et le maintien de ces garde-corps dans toutes les phases du projet.

Concernant l'occurrence des défaillances, il apparaît que la perforation du joint nécessite une prise en charge, le risque de perforation étant estimé quasi certain. Au niveau de la conception, il y a lieu de prévoir un détail d'exécution entre le joint, l'isolant, l'agrafe et la pierre de façade, pour assurer une pose la plus aisée possible. En exécution, il convient d'assurer des contrôles périodiques et avant pose de la pierre. Un contrôle *a posteriori* sera exécuté lors du *blower-test*, mais imposerait un démontage du parement en cas de défaillance.

Concernant le risque de défaillance par non-détection, on pourra, par exemple, s'assurer que le fournisseur dispose d'un système d'assurance qualité assurant de la conformité des vitrages avec les prescriptions et valeurs demandées.

11.6 Conclusion et perspectives

Il importe de rappeler à l'issue de cette étude que certaines libertés ont été prises par rapport au déroulement de l'analyse AMDEC. Il a été volontairement choisi de ne pas être trop dogmatique. Il s'agit tout d'abord de s'assurer que l'analyse puisse être menée à son terme et ne pas subir de rejet de la part des participants. Il s'agit aussi de l'adapter aux besoins identifiés, c'est-à-dire de proposer une méthode à même de permettre d'anticiper, le plus en amont possible, des problèmes qui pourraient survenir sur un système (la façade) qui présente traditionnellement sur nos projets de gros défauts de conception mais également de réalisation.

La tenue des réunions a permis un réel « décloisonnement » des connaissances. Cet aspect est extrêmement important dans la mesure où tout ce qui partagé et mis en commun (y compris ce qui n'est pas formalisé par l'analyse à proprement parler) pourra servir à d'autres moments. L'alimentation de la démarche d'amélioration continue pourra être assurée par ces réflexions.

Toute la réflexion telle que menée va pouvoir être réutilisée et affinée par l'équipe qui va avoir en charge la réalisation du projet.

On touche alors un autre aspect que celui de l'amélioration continue. L'équipe chantier va bénéficier de la réflexion précédemment faite, pourra éventuellement relancer sa propre analyse de risque, supprimer ou rajouter des fonctions, mais surtout établir un plan de contrôle, basé non plus sur l'habitude mais sur une réflexion structurée. De plus, la collégialité des décisions entraînera une meilleure acceptation.

Au prix de menues libertés, comme précédemment énoncé, la difficulté du management du changement et du management du savoir a été mise au jour.

Une piste d'amélioration, par l'implémentation de l'analyse de la valeur, va rajouter une surcouche d'aide à la décision, ceci toujours dans l'objectif de satisfaire au mieux les attentes du client.

Index